U0159252

新滋味

西食东渐与翻译

王诗客 著

New Taste
popularity of foreign foods and
their translating in modern China

经济日报出版社

我以为不应该把糖、咖啡、茶、烧酒等许多食品的出现贬低为生活细节。它们分别体现着无休止的重大历史潮流。

——费尔南·布罗代尔

目 录
Contents

绪　论

胡食与洋饭：一个漫长的故事

常言道："开门七件事，柴米油盐酱醋茶。"这几乎被认为是中国人日常生活的写照。然而历来如此吗？这句俗语中提及的食物，何时成为典型的中国味道？

据美国人类学家安德森（E.N.Anderson）考证，这其中许多东西，在宋代以前都是新奇玩意儿，"米在当时才刚刚取得这样突出的地位（而且这个米字确实是主要在说稻米而非统称粮食）。在唐朝的很多文学作品中，酱指的是各种酶酵素，直到宋朝，酱才最终明确地指酱油。在较早的朝代，人们尤其未必把醋列为必需品。茶在唐朝是稀罕的奢侈品，甚至在北宋也不常见。以芝麻、紫苏和大麻榨成的油，在南宋时期更易获得。"①

1097年，苏东坡被贬至海南。这位深谙"熟歇"之道的美食家，把卜居南山脚下的饮食生活打理得井井有条，"服食器用，称家之有无。水陆之味，贫不能致，煮蔓菁、芦菔、苦荠而食之"。吃不了山珍海味，普通野菜也要好好烹饪。"屏醯酱之厚味，却椒桂之芳辛"，"醯酱"即为醋和酱油②，没有酱油和醋，细品

① （美）尤金·N·安德森：《中国食物》，马孆、刘东译，江苏人民出版社2003年，第63页。
② 《苏轼文集》（第一册），孔凡礼点校，中华书局1986年，第17页。

蔬果天然的味道，也是极佳的。可见，当时社会的富裕阶层，已经常使用酱油、醋等酱料。

南宋末年，钱塘人吴自牧把记忆烟云中的京城繁华写成《梦梁录》，在卷十六中，他这样写道，"盖人家每日不可阙者，柴米油盐酱醋茶"，这大概是这句话的最早出处。[①] 元代，这句话已经成为俗语。元代剧作家杨景贤在《马丹阳度脱刘行首》第二折的开头这样写道："教你当家不当家，及至当家乱如麻；早起开门七件事，柴米油盐酱醋茶。"元代无名氏所作的《逞风流王焕百花亭》，也以同样的一首诗开头。

上述饮食习惯的潜在流变，在近代中国显现为更剧烈的情形。"西食东渐"是笔者从"西学东渐"引申出的一个概念，目的是以一个新的角度，来探看近代中国社会的变化。晚清汉语文本中的"西方"，某种意义上是一个被各种新名词翻译出来的西方。历史学家熊月之将晚清新名词术语之大量产生，形象地称为"新名词大爆炸"[②]。近代著名学者王国维曾将这时期对西方名词术语的翻译引进分为两个阶段："形而下"和"形而上"。前者指的是与科学技术相关的词语的翻译引进，而后者是指社会、历史、文化和制度等观念领域的词语的翻译引进。[③] 这种划分模

① Michael Freeman, Sung, In: Food in Chinese Culture: Anthropological and Historical Perspectives, edited by K.C.Chang, New Haven and London: Yale University Press.p.151

② 熊月之：《西学东渐与晚清社会》，中国人民大学出版社 2011 年，第 544 页。

③ 王国维：《论西语之输入》，干春松、孟彦弘编：《王国维学术经典》（上），江西人民出版社 1997 年，第 102 页。王氏的分类，只需参阅京师同文馆、江南制造局翻译馆等晚清官办翻译书局的翻译书目，便可印证。参考王建明、王晓霞等：《中国近代出版史稿》，南开大学出版社 2011 年，第 70-76 页；此外，1902 年佚名所作之《论翻译之四期》一文，也曾较早归纳了明末之光绪年间西书翻译，不外乎

式，对后来的近代汉语语言文化研究影响很大①，比如旅美学者刘禾颇有影响的《跨语际实践》一书，基本上就是对王国维所说的"形而上"新名词的研究②。笔者以为，近代以来，国人"饮食起居"之变化，乃"西风东渐"大潮中不可忽视的微观层面，是西方影响中国的具体体现。亚里士多德称烹饪为"奴隶的"知识，③在各种实践型知识中，烹饪术常居末流。法国现代历史学家费尔南·布罗代尔（1902-1985）却发出了不一样的感叹："我以为不应该把糖、咖啡、茶、烧酒等许多食品的出现贬低为生活细节。它们分别体现着无休止的重大历史潮流。"④布罗代尔的看法，不但是对亚里士多德式的古典知识观的矫正，也是针对欧洲近几百年的历史而发。这个认识，对理解中国历史上的物质形态变革，同样有启示。

　　由于种种原因，我们以往对近代中国历史的研究，更注重"器"和"道"两个层面，针对"日常饮食起居"的专门研究较少，而这正是本书写作的初衷之一。为此，我们需要对历史上的域外饮

天文、宗教算学、格致、工艺、条约、外国律例、医学、旅行游记、物质学、历史、史事、政治等门类。参阅《中国出版史料补编》，张静庐辑注，中华书局1957年，第60-62页。

① 比如，语言学家史有为在《汉语外来词》（商务印书馆2013年，第70-86页）一书谈论现代汉语外来词时，就将其渠道大致分为两种：近现代科学著作的翻译和日语汉字词的引进。前者的贡献多为科学名词术语，后者多人文社会科学名词术语。

② 刘禾：《跨语际实践：文学、民族文化与被译介的现代性（中国1900-1937）》，宋伟杰译，生活·读书·新知三联书店2008年。

③ 亚里士多德：《政治学》见《亚里士多德全集·第九卷》，苗力田主编，颜一、秦典华译，中国人民大学出版社1994年，第14-15页。

④ （法）费尔南·布罗代尔：《15到18世纪的物质文明、经济和资本主义》（第一卷），顾良、施康强译，商务印书馆2017年，第VI页。

食在中国的传播和影响作简要回顾。从先秦时期到清代，域外饮食进入中国，大致分为两种途径，亦可由此分为两个时期。一是陆上交通时代。无论是秦朝的"车同辙"，汉代张骞通西域，以及佛教的传入，还是历史悠久的丝绸之路，都与大陆交通有关。据现代学者张星烺归纳，当时中欧陆上交通主要有四条路线："第一道经中央亚细亚、萨马儿罕、布哈拉、里海北岸，再至黑海北岸，渡海至君士坦丁堡。第二道经印度大陆及印度洋、波斯湾、美梭博塔米亚、梯格里斯河，北至脱莱必松德（Trebizond），抵黑海，再西至君士坦丁堡。第三道经由付莱梯斯河，至阿雷坡（Aleppo），再至安都城（Antioch），渡地中海达欧洲。第四道入红海，抵埃及，达地中海滨。"[①] 由此导致的中国境内的饮食交流、融合与变革，都属于大陆文明演变的一部分。二是海上交通时代。宋代开始逐步兴旺的东南海路，到明代郑和下西洋时期抵达巅峰，海路逐步为中国打开新世界。而不久后欧洲开启"大航海时代"，新大陆的发现对中国饮食产生的巨大影响，无论怎么说都不为过。下面拟从这两个方面，来切入"西食东渐"这一主题。

一、陆上交通时代

按文献可考的信史，中国历史上第一次因域外大规模物质输入而引发的饮食变革，是在汉代张骞通西域之后。汉代把玉门关（今敦煌西）、阳关（今敦煌西南）以西的广袤地带，统称为广

---

① 张星烺：《欧化东渐史》，商务印书馆 2015 年，第 2 页。

义上的西域。天山以南、昆仑山以北、葱岭以东的区域，称为狭义上的西域。汉武帝建元三年（公元前138年）派张骞通西域。张骞两次出行的主要原因，都是军事和开边的需要，《汉书·张骞李广利传》中这样记录："匈奴降者言匈奴破月氏王，以其头为饮器，月氏遁而怨匈奴，无与共击之。汉方欲事灭胡，闻此言，欲通使，道必更匈奴中，乃募能使者。骞以郎应募，使月氏，与堂邑氏奴甘父俱出陇西。"由此，开启了汉朝与西域之间的物质交换和融合，西域地区大量的食物品种逐步传入中国。

下面以几种著名的食物为例，略为申说。葡萄，当时被称为"蒲陶"，是大宛（今中亚费尔干纳盆地）等国的特产。据《史记·大宛列传》记载："宛左右以蒲陶为酒，富人藏酒至万余石，久者数十岁不败。俗嗜酒，马嗜苜蓿。汉使取其实来，于是天子始种苜蓿、蒲陶肥饶地。及天马多，外国来使众，则离宫别观旁尽种蒲陶、苜蓿极望。"《后汉书·西域传》里也有相近记载。葡萄酒非常受贵族欢迎。最著名的故事，大概是东汉土财主孟佗给汉灵帝的心腹宦官张让送了一升葡萄酒，由此成功买官——"扶风孟佗以蒲萄酒一升遗张让，即称凉州刺史"。到了西晋，葡萄酒似乎更常见了，陆机有诗云："蒲萄四时芳醇，琉璃千钟旧宾。夜饮舞迟销烛，朝醒弦促催人。春风秋月恒好，欢醉日月言新。"魏文帝曹丕在《诏群医》中写道："中国珍果甚多，且复为说蒲萄。当其朱夏涉秋，尚有余暑，醉酒宿醒，掩露而食。甘而不饴，酸而不脆，冷而不寒，味长汁多，除烦解渴。又酿以为酒，甘于鞠蘖，善醉而易醒。道之固已流涎咽唾，况亲食之邪。他方之果，宁有匹之者。"张华《博物志》云:"西域有葡萄酒,积年不败,彼俗云:可至十年,饮之,醉弥日乃解。"当然,西域的葡萄酒和今天的欧洲葡萄酒差别很大。酿酒在世界上经历三个阶段。最早是自然发酵的果酒,即浆果中的糖分经过发酵分解成酒精。后来,粮食作为酿酒原料,就需要先用酒曲的糖化作用,使粮食中的淀粉分解成糖,再通过酵母作用产生酒精。第三阶段是用蒸馏法,把低度的酒浓缩成度数较高的白酒。这时,东西方都没有掌握蒸馏技术,西域传来的、包括罗马人在喝的葡萄酒,是接近自然发酵的果酒,味道类似于酒精度不高的葡萄汁,而汉朝的粮食酒已经到了第二阶段。[①]直到唐朝,葡萄和葡萄酒依然有浓重的外来色彩。"几百年来,一串串的葡萄一直被当作外来装饰的基本图案而在彩色锦缎上使用;而在唐镜背后'古希腊艺术风格的'葡萄纹样式,则更是为世人所熟知。"[②]

石榴、芝麻、胡桃、黄瓜(原名胡瓜)、芫荽、大蒜,以及蚕豆、豌豆等"胡豆"也是张骞出使西域后传入中国的。张骞通西域后,"胡"风几成时尚。直到4世纪初,羯族人石勒建后赵,他不满被称胡人,下令全国禁用"胡"字,于是与"胡"相关的名称减少了。比如胡瓜改名黄瓜,胡荽改名香荽,胡饼改名麻饼。[③]

广义的西域,还应包含罗马帝国的亚洲部分,汉朝称其为大秦。《后汉书·西域传》有言:"其人民皆长大平正,有类中国,

---

① 孙机:《仰观集》,文物出版社2015年,第110页。
② (美)薛爱华:《撒马尔罕的金桃》,吴玉贵译,社会科学文献出版社2016年,第359页。
③ 陈诏:《中国馔食文化》,上海古籍出版社2001年,第21-24页。

故谓之大秦。"又载："桓帝延熹九年，大秦王安敦遣使自日南徼外献象牙、犀角、瑇瑁，始乃一通焉。"《后汉书·西域传》中有一段东汉班超副使甘英出使大秦途中的细节，引起后世历史学家的无数猜想：

> 和帝永元九年，都护班超遣甘英使大秦，抵条支。临大海欲度，而安息西界船人谓英曰："海水广大，往来者逢善风三月乃得度，若遇迟风，亦有二岁者，故入海人皆赍三岁粮。海中善使人思土恋慕，数有死亡者。"英闻之乃止。

行驶三个月至两年才能走完的大海，就是地中海吗？"海中善使人思土恋慕"者，是否就是希腊神话里中著名的塞壬的歌声？还是奥德修斯的随从们吃过的比蜂蜜还甜的忘忧果？这些都是令人迷思，却难以确证的猜想。在相当长的时间内，两个超级大国在亚欧大陆上各占东西，并立在世界两端，但口味有相似之处，都吃面食，罗马人吃面包，汉朝人吃饼。汉人煮的撕面片叫汤饼，蒸的发面叫蒸饼，后来又改名酵饼，因为它是用酵母发面的。换言之，在3世纪初的东汉后期，发酵面食已经在中国出现。[①] 魏晋时以"日食万钱，犹云无下箸处"闻名的何曾，据说他要求蒸饼上必须得裂开一个"十"字，"蒸饼上不坼作十字不食"，类似于今天许多地区的开花馒头。

第二个域外饮食大规模进入中国的阶段，大致在唐宋时期。

---

① 孙机：《仰观集》，前揭，第109-110页。

唐朝前期经济繁荣，文化开放，中外交流频繁，"胡风"炽盛，自然也带来了大量域外食物。《旧唐书·舆服志》记载，唐玄宗时期，"太常乐尚胡曲，贵人御馔，尽供胡食，士女皆竞衣胡服"。可见，当时的胡食，和清末西餐一样，带着时髦的光环，颇受贵族欢迎。《资治通鉴·玄宗纪》里有这样一个小故事：

> 日向中，上犹未食，杨国忠自市胡饼以献。于是民争献粝饭，杂以麦豆；皇孙辈争以手掬食之，须臾而尽，犹未能饱。上皆酬其直，慰劳之。众皆哭，上亦掩泣。

安史之乱，对年过古稀的唐玄宗来说，几乎是致命的。一路西逃，虽有爱妃忠臣簇拥，但实在不足化解狼狈。午饭时间，皇帝还没吃上饭，杨国忠上街买了胡饼，给玄宗充饥。估计当时的胡饼并不便宜，杨国忠买的只够年迈的明皇吃，一起逃难的皇孙只能用手抓点百姓献上的糙米饭，还不能管饱。"胡饼"究竟什么味道？《资治通鉴》里没有具体展开，白居易在《寄胡饼与杨万州》一诗中这样描述："胡麻饼样学京师，面脆油香新出炉。寄与饥馋杨大使，尝看得似辅兴无。"面脆油香，听着脆、闻着香、油润润，不可能不好吃啊！日本历史学家石田干之助指出："胡风"的流行不一定限于京城，但"其中心在辇毂之下，则是无疑"。[1]此外，唐代诗文中有不少"酒家胡""胡姬"，亦足见当时饮食的开放。

---

[1] （日）石田干之助：《长安之春》，钱婉约译，清华大学出版社，2015年，第31页。

图 0.1 《唐人宫乐图》喝茶局部。桌子中间的茶釜，用来装茶汤。桌上没有生火设备，说明当时茶汤是煮好后端上桌的。右上角的宫女正用长柄勺给自己舀茶汤，右下角的宫女端着一碗茶，碗底有防烫手的圈足。

唐朝人从近东地区知道了菠菜、莴笋、无花果等。[①] 贞观二十一年（647年），"气序寒冽、风俗险诐、人性刚犷、信义轻薄"的泥婆罗国（即今天的尼泊尔）向唐朝进贡了许多稀有蔬菜，包括菠菜、莴笋等。这些蔬菜原产地都不是尼泊尔。菠菜最早源于波斯，当时的人们相信它能"解酒毒"，"服丹石之人食之佳"。此外，欧洲植物——甘蓝也大约是在这一时期经过西域、吐蕃、河西走廊传入唐朝的。[②] 也是在唐朝，肉豆蔻来到中国，唐代药学家陈藏器是第一位记录"肉豆蔻"的中国人。时人并未视之为香料，而是将它磨成粉，辅之以粥，用来治疗消化功能紊乱和腹泻。[③] 喝茶的习惯在唐之前的日常生活中并不常见，很可能是由佛教僧人

① （美）尤金·N·安德森：《中国食物》，前揭，第50页。
② （美）薛爱华：《撒马尔罕的金桃》，前揭，第369-371页。
③ 同上，第459页。

传入中国。① 唐中期，陆羽完成《茶经》。据传完成于晚唐的无名氏画作《唐人宫乐图》里，已显示喝茶在贵族官宦中流行。

南宋的洪迈在《容斋随笔》里这样描述糖的历史：

糖霜之名，唐以前无所见，自古食蔗者始为蔗浆，宋玉《招魂》所谓"胹鳖炮羔有柘浆些"是也。其后为蔗饧，孙亮使黄门就中藏吏取交州献甘蔗饧是也。后又为石蜜，《南中八郡志》云："笮甘蔗汁，曝成饴，谓之石蜜。"《本草》亦云，"炼糖和乳为石蜜"是也。后又为蔗酒，唐赤土国用甘蔗作酒，杂以紫瓜根是也。唐太宗遣使至摩揭陁国，取熬糖法，即诏扬州上诸蔗，榨沈如其剂，色味愈于西域远甚，然只是今之沙糖。蔗之技尽于此，不言作霜，然则糖霜非古也。历世诗人模奇写异，亦无一章一句言之，唯东坡公过金山寺，作诗送遂宁僧圆宝云："涪江与中泠，共此一味水。冰盘荐琥珀，何似糖霜美。"黄鲁直在戎州，作颂答梓州雍熙长老寄糖霜云："远寄蔗霜知有味，胜于崔子水晶盐。正宗扫地从谁说，我舌犹能及鼻尖。"则遂宁糖霜见于文字者，实始二公。甘蔗所在皆植，独福唐、四明、番禺、广汉、遂宁有糖冰，而遂宁为冠。②

根据洪氏的记录，糖在汉语中数易其名，楚辞《招魂》中已

① （美）尤金·N·安德森：《中国食物》，前揭，第51-52页。
② ［宋］洪迈：《容斋随笔》（下），上海古籍出版社2015年，第593-594页。

有柘浆（柘通蔗）的记录，后来又改称蔗饧、石蜜。直到唐朝，才有糖霜的叫法。虽然之前中国人也能从甘蔗中熬取糖汁，但估计技术产量都有限，唐太宗才会遣人去西域摩揭陁国学习如何制糖。后来发现，用扬州的甘蔗熬汤，味道甚至比西域的更好。至宋朝，四川遂宁等地生产的糖霜愈发有名。

据美国汉学家薛爱华考证，唐朝人普遍嗜甜，陕南、杭州、扬州出产的各种蜂蜜在当时颇为流行，但最金贵的大概是从氏羌来的一种高级蜂蜜。汉代岭南地区，已经掌握将甘蔗汁煎晒糖块的技术。但在8世纪的中国北方，甘蔗还是稀罕物，唐太宗曾将二十根甘蔗作为赏赐的礼物；因为昂贵，甘蔗和莲花、孔雀曾一起成为佛像的装饰图案。[①]

因唐王室有突厥血统，西亚中亚地区的"馕"也随之传入，融入中国的饼类食物。[②]此外，几种主食也与两宋期间的域外影响有关。11世纪早期，早稻从占婆（今越南中南部）传入中国，经过长期的选种配种，稻米的播种范围和产量都大幅提高。到晚明时期，南方广栽水稻，白米饭已经普及；而同时期的北方，米饭还只是贵族的奢侈品。迟至17世纪，米饭才逐渐取代面条的主食地位。12世纪，高粱等新兴植物也传入中国。[③]

大规模的食物传入，为饮食的丰富与商业化提供了基础，这从北宋末年张择端（1085-1145）的名画《清明上河图》中可窥

① （美）薛爱华：《撒马尔罕的金桃》，吴玉贵译，前揭，第384-385页。

② 转引自（美）尤金·N·安德森：《中国食物》，前揭，第51页。

③ Frederick W.Mote, Yuan and Ming, in Food in Chinese Culture: Anthropological and Historical Perspectives, edited by K.C.Chang, Yale University Press, 1977,p197-199.

见一斑。《京东梦华录·酒楼》中记有"在京正店七十二户，此外不能遍数，其余皆谓脚店"。正店指的是高级酒楼、豪华饭店，全城统共七十二家，其余数以千计的饭店皆为"脚店"，即普通酒楼。画中虹桥旁的一个院子门前，写着"新酒"二字的酒帘在空中飘舞，门框旁有"十千""脚店"的招牌，侧门横额上还有"稚酒"二字。唐宋时期，把刚刚酿成的、开瓮就喝的酒称为"新酒"，"稚酒"也是新酒的意思。"十千"是这家脚店为自己写的广告词。曹植在《名都篇》中有诗云，"我归宴平乐，美酒斗十千。"一斗美酒十千文，是三国时期的价格。从此，"十千"常用来形容美酒。比如，王维有诗云："新丰美酒斗十千"，白居易的"共把十千沽一斗"等等。因此，这家脚店门口挂着"十千"，也希望能招徕更多酒客。这就是一家常规脚店的规模，进门后有院落、廊庑，结构与正店类似，只是排场略小些。它除了提供堂食以外，也做外卖生意。画中，这家脚店门口有一位年轻堂倌，左手端着米饭，右手似乎端着还在冒热气的菜肴，估计这位小哥还负责送外卖吧！

脚店对面有一栋瓦房，房前撑着两顶大伞，伞下挂着一块写有"饮子"二字的招牌。旁边有三位挑担的小贩，正在买饮子。这样的"饮子"摊在画中不止一处。饮子究竟是什么？据考证，这是以柴胡等几味中药煎熬而成，既是饮料，也是汤药，有发汗、助消化等功效，类似于岭南地区的凉茶。

《清明上河图》中画得最多的要数茶坊，据说有二十余家。当时的汴京，茶坊和饮食店是两大行业。就陈设而言，茶坊与饭店、酒店区别不太大，不过茶坊没有酒旗。在茶坊里，不仅可以喝茶，还提供各种小零食，所以不少人去那里会客、谈事儿。当然，这些活动需要一定的经济基础。画中，在一家茶坊门前的柳树下，一位小贩把扁担撂在一边，倚坐在树下休息，可能是不舍得花钱进茶坊休息吧。此外还有各种食店，比如馄饨店、南食店、油饼店、馒头店等等。画中有不止一家卖糕点馒头的店铺，店门口放着一个木桶，上有馒头出售，画中有一个小贩在馒头店门口停下，掏钱买馒头，店小二马上给他拿了一个。①

二、大航海时代

就饮食变化而言，中国的近代也许应该从明代后期算起。在中国元明时代，亚洲的大陆开拓几乎与欧洲开启的"大航海时代"前后相随。蒙古帝国的扩张，再次拓宽了亚欧大陆的交通。蒙古人创立的元朝，宫廷饮食以蒙古族饮食肴馔为主，但也包括汉族、女真族、西域、印度、阿拉伯、土耳其，甚至欧洲一些民族或地区的食品和肴馔。较为全面地反映元代宫廷饮食的是忽思慧写的《饮膳正要》，作者开篇所言，即表明当时正经历着亚欧大陆饮食的大融合："伏睹国朝奄有四海，遐迩罔不宾贡。珍味奇品咸萃内府，或风土有所未宜，或燥湿不能相济，傥司庖厨者不能察其性味，而概于进献，则食之恐不免于致疾。"② 该书有浓郁的

---

① 陈诏：《解读〈清明上河图〉》，上海古籍出版社 2010 年，第 32-53 页。
② ［元］忽思慧：《饮膳正要》，李春方译注，中国商业出版社 1988 年，第 3 页。

少数民族特色，许多菜肴以羊肉鹿肉为主，还有"炒狼汤""狐肉羹""熊肉羹"这样的菜式；葡萄酒"有数等"，产地包括西番、哈剌火（今天的新疆吐鲁番）、平阳太原，其中味道最好的是吐鲁番葡萄酒。书中也有许多外来食品，比如"八儿不汤""撒速汤"都源自"西天"（南亚）。

现代作家、学者施蛰存在谈论文学翻译时说："在明代以前，汉族人民所吸收的外来文化，仅限于西域近邻诸国。虽然《大秦景教流行中国碑》上刻有叙利亚文字，可以证明当时长安已有叙利亚来的传教士，但是景教并没有在中国移植成功。从非洲被贩卖来的黑奴，已在唐代贵族家里服务，他们对中国的贡献只有劳动力。……我们可以说，在明代以前，中国所受西方文化的影响，最远只到地中海东岸，也就是说，没有越出亚洲大陆。这些近邻国家的文化总体，都低于中国，因此，中国文化能吸收其所长，而不会被侵吞。"[1] 相较蒙古骑兵闪电式的、神话般的存在，随后而来的"大航海时代"对饮食变革的影响更为深远。

全球意义上的"大航海时代"，也应该包括中国航海家郑和的远航。他带领的多次远航与巡游，给中国人的餐桌带来了变化。比如，后来成为典型中式餐桌精品的燕窝、鱼翅，就是郑和下西洋以后在中国流行开的。燕窝在元人贾铭《饮食须知》里已提及，但无烹调细节："燕窝味甘、性平。黄、黑、微烂者有毒，勿食。"[2] 郑和下西洋后，这两种食物逐步流行开来。李时珍《本草纲目》

① 施蛰存主编：《中国近代文学大系·翻译文学集1》，上海书店出版社，1990年，第3页。
② ［元］贾铭：《饮食须知》，陶文台注释，中国商业出版社1985年，第64页。

说鱼翅为"南人之珍"的记载，显然得益于郑和带来的风气。《金瓶梅词话》第55回，西门庆在蔡京官邸的宴席上，"只见犀官桌上列着几十样大菜，几十样小菜，都是珍馐美味、燕窝鱼翅，绝好下饭，只没有龙肝凤髓。"^① 可见当时"燕窝鱼翅"作为奢侈食品，堪比龙肝凤髓。清代的食谱和典籍里，比如《红楼梦》《随园食单》，燕窝作为滋补饮食的，已经比较多见。林黛玉的病，就需要常吃燕窝。

真正产生巨大影响的是欧洲人开启的大航海时代。葡萄牙亲王亨利王子（Infante Dom Henrique of Portugal，1394–1460）持续支持非洲西海岸的探险，拉开了"大航海时代"的序幕。发现美洲新大陆，开启了人类社会新纪元，由此推动了人类社会几百年的超级变革。1972年，美国学者阿尔弗雷德·克罗斯比（Alfred W.Crosby）曾别出心裁地提出，哥伦布发现新大陆，带给人类最大的改变，并不是社会层面或政治层面的，而是人类史上最大规模的动植物迁移。大西洋两岸，新旧两个大陆，大量的食材、香料搭乘远洋轮船抵达彼岸。他称之为"哥伦布大交换（Columbian Exchange）"。^② 他认为，一万年前，人类因陶器的发明而掌握了食物加热的技能，这是第一次饮食革命；"哥伦布大交换"带来的农作物大迁徙，引发了第二次饮食革命。饮食的传播与接受往往是一个缓慢的过程，欧洲人很长时间都不能把土豆看作食物。

---

① ［明］兰陵笑笑生：《金瓶梅词话》，梅节校订，陈诏、黄霖注释，香港梦梅馆1993年，第690-691页。

② Alfred W.Crosby, The Columbian Exchange: Biological and Cultural Consequences of 1492, Westport：Praeger, 2003.

"这些来自欧洲伊比利亚半岛的新住民，食用各式各样的美洲食物——南瓜、豆子、马铃薯，不一而足——但是重要性都不及树薯与玉米。移居美洲的欧洲人，与他们留在老家的同胞一般，对马铃薯作为主食的接受度进展很慢。即使在马铃薯的原产地安第斯山脉，欧洲人最多也将之视为半食品，虽然颇有人乐意靠种马铃薯发财，作为波托西（Potosi）印第安矿工的伙食。"但另一方面，新大陆食物的传播让全世界发生巨大变化，"欧洲人显然也借由大规模栽植烟草、可可、辣椒、美洲棉花灯作物，不但自己大发其财，同时一手塑造了整个新世界的风貌与历史"。哥伦布第二次航行回到西班牙时，十七艘船上不仅载着一千两百名船员，更是满载了各种各样的植物种子和剪枝，包括小麦、鹰嘴豆、洋葱、各种瓜类、萝卜、绿色蔬菜、葡萄藤、甘蔗和果核等等。①

"哥伦布大交换"把许多新的食物带到亚欧大陆，比如火鸡和番茄。火鸡是传统的西方节日食品。布罗代尔这样描述火鸡的兴起：16 世纪，火鸡从美洲传入欧洲，荷兰画家若阿钦·布埃德卡莱尔（1530–1573）大概是最早把火鸡作为静物画题材的画家之一，他的画作今天依然保存在阿姆斯特丹的理日克博物馆里。"有人说，亨利四世恢复了国内和平，火鸡便在法国大量繁殖。对这位伟大君王爱吃的炖鸡，我不知道该作出什么新的解释。不过有一点是确定无疑的，一个法国人 1779 年写道：'鹅从前在我们的餐桌上最受重视，现在可以说火鸡取代了鹅的位置。'拉

---

① （美）艾尔弗雷德·W·克罗斯比：《哥伦布大交换：1492 年以后的生物影响和文化冲击（30 周年版）》，郑明萱译，中国环境科学出版社，2010 年，第 39–40 页。

伯雷时代的肥鹅莫非已成为欧洲饕餮史上的陈迹？"[1]

番茄是西方国家最常见的蔬菜之一，以番茄为底料的红酱意面，是最经典的意面做法。哥伦布把西红柿带回欧洲后，欧洲人长期把它当作鉴赏植物。1596年，英国植物学家约翰·杰德勒（John Gerald）在自家后院栽种西红柿并试食。17世纪以后，西红柿开始在意大利温暖的户外种植。18世纪初，在意大利那波利，开始流行把西红柿和意大利面一起煮，由此产生那波利酱，即以番茄为底料的红酱。这种酱料色彩鲜艳，风味独特，番茄可以掩盖鱼肉的腥味，本身的酸还能引出其他蔬菜的鲜。19世纪中期，意大利面搭配红酱的做法在整个意大利流行开来，披萨也开始搭配这个酱汁。[2]随着19世纪意大利的移民潮，这个吃法被带回北美新大陆。20世纪，美国人通过一个个快餐连锁店不断扩大"红酱版图"，估计大部分中国人在必胜客里有了意面披萨的初体验，包括红酱意面和涂着红酱的披萨。

"哥伦布大交换"也改变了中国的饮食结构。从元末到清初，各路船只通过海路驶向东南沿海的港口，通过东南亚陆路抵达云南，或者从波斯、土耳其沿着丝绸之路来到中国。他们不仅带来了各种奇珍异品，还把番薯、玉米（maize）、花生以及烟草带到了中国。这些原属美洲的农作物，显然很适应中国的气候和土壤。

---

① （法）费尔南·布罗代尔：《15到18世纪的物质文明、经济和资本主义》（第一卷），前揭，第216页。
② （日）宫崎正胜：《餐桌上的世界史》，陈柏瑶译，中信出版社2018年，第110-111页。

时至今日，它们依然是中国最主要的农作物。[1] 与传教士交往颇多的徐光启在《农政全书》中记载了番薯（甘薯）入华的惊险历程："近年有人在海外得此种。海外人亦禁不令出境，此人取薯藤，绞入汲水绳中，遂得渡海。因此分种移植，略通闽、广之境也。"[2] 据日本学者宫崎正胜考证，16世纪中期，福州商人陈振龙在吕宋岛发现番薯是个不可多得的农作物，回国时，他带着番薯从吕宋岛出发，穿越台湾海峡回到福建老家。1594年（明万历二十二年），福建发生严重饥荒，陈振龙的儿子陈经纶以赈灾的名义，把番薯献给福建巡抚金学曾。在金学曾的积极推广下，番薯在福建广泛种植。此后，逐渐传到江南各地。[3] 到了清朝前期，巧克力作为一种西洋药材，已经被呈到康熙皇帝面前，名曰"绰科拉"。在康熙朝，有大量的西医在清廷供职。据历史学者关雪玲考证，康熙皇帝曾有两次剧疾，命悬一线时，西洋药物发挥了威力，因此，西洋药物彼时在宫内颇有地位。1706年（康熙四十五年），武英殿监造赫世亨收到教皇特使多罗送的新药"绰科拉"。康熙帝向当时任职于清廷的意大利医生、药剂师鲍仲义（Joseph Baudino，1657-1718)询问绰科拉的成分和药性，鲍仲义解释道，此药属热味甜苦，产自阿美利加、吕宋等地，配料有八种，其中肉桂、秦艽、白糖三味中国有，噶高、瓦尼利雅、阿尼斯、阿觉特、墨噶举车等五种中国不产。饮用方法，将其倒入煮白糖水之铜或银罐中，

---

① Frederick W.Mote, Yuan and Ming, in Food in Chinese Culture: Anthropological and Historical Perspectives, edited by K.C.Chang, Yale University Press, 1977,p198.

② ［明］徐光启：《农政全书》（上），岳麓书社2002年，第422页。

③ （日）宫崎正胜：《餐桌上的世界史》，前揭，106-107页。

以黄杨木碾子搅和而饮。康熙并不满意这个回答，朱批："未写有何效益，治何病，殊未尽善。"几日后，鲍仲义又进一步解释，绰科拉非药，在阿美利加用之如茶。适用人群，老者、胃虚者、腹有寒气者、泻肚者、胃结食者，均应饮用。尤其助胃消食，大有裨益。内热发烧者、痨病者、气喘者、痔疮流血者、下痢血水者、泻血者，属慎用人群。[1]

据安德森考证，16 世纪，汉语文献中出现了有关花生、玉米的记录；中国现在许多地区的菜肴均以辣为特色，但辣椒是在 17 世纪才传入中国的；土豆是 18 世纪由法国传教士传入的。[2]《醒园录》是清朝中期的饮食专著，作者为四川名士李化楠（1713 年 –1769 年），他在宦游江浙时搜集了不少饮食资料，去世后由其子李调元整理刊印成书。里面收录肴馔百余种，记录了酱豆腐乳、香豆豉、水豆豉、腌火腿、火腿酱等菜的做法，用到了花椒、陈皮、八角、茴香、小茴香等各种香料，但唯独不见辣椒。[3]可见当时辣椒尚未在中国南方流行。

"大航海时代"的直接后果之一，是海上贸易不断扩大。欧洲殖民列强都在觊觎中国市场。为了寻找受中国人欢迎的货品，满身冒险精神的商人们煞费苦心。通过对中国市场的不断试错，他们学会规避不受中国人喜欢的货品，也包括食品。比如，1787 年，"华盛顿将军"号从普罗维登斯起航，载着满船琳琅满目的货品

---

① 关雪玲：《康熙朝宫中西洋医学活动》，见《故宫博物院十年论文选 1995-2004》，故宫博物院主编，紫禁城出版社 2005 年，167 页。

② （美）尤金·N·安德森：《中国食物》，前揭，第 75、161 页。

③ 李化楠：《醒园录》，侯汉初、熊四智注释，中国商业出版社 1984 年。

向东出发。船上有船锚、铁条、西洋参，还有牙买加烈酒、新英格兰朗姆酒等等，总价值5.7万美元。大概因为洋酒在中国不受欢迎，所以在前往中国的途中，他们先停靠马德拉群岛和印度，卖掉所有的酒类，在印度购买棉花运往广州。最后在广州换来价值10万美元的商品，利润超过2万美元。① 他们也在逐步发现中国人喜爱的食物，最著名的例子是西洋参和海参。

图 0.2 中国皇后号。"中国皇后号"是第一艘抵达中国的美国商船。1784 年 2 月 22 日离开纽约港，同年八月抵达澳门，后驶入广州黄埔港。次年 5 月 11 日，返回纽约。它的吨位小，载货量并不大，但带去中国的人参、皮草等货品顺利脱手，并采办了茶叶、瓷器等中国物产回国。在中美贸易史上意义特殊。

---

① （美）埃里克·杰·多林：《美国和中国最初的相遇：航海时代奇异的中美关系史》，朱颖译，社会科学文献出版社 2014 年，第 120—121 页。

西洋参，又名花旗参，它是完全的舶来品，却是治疗"中国病"——上火的良方。法国耶稣会教士 J.F. 拉菲托（Joseph Francis Lafitau）1717 年在加拿大发现这种优质参类，它们被运往广州，这是西洋参进入中国的开始。之后，美国的新英格兰、纽约和更远的南部山林中也陆续发现了花旗参。美国商人向中国兜售西洋参、棉布、牛肉、朗姆酒、铁、枪支等，还有来自南太平洋的燕窝、龟壳、海参等，甚至还有从池塘和湖泊凿下的冰块，但销量都非常有限，而西洋参和海参最受中国人欢迎。①1784 年初，波士顿商人希尔斯（Issac Sears）计划把五十吨西洋参运往广州。这些西洋参通过"哈里特"号向广州出发，据说在开普敦被英国东印度公司拦截，他们担心"哈里特"号与中国人直接交易，会危及英国在华经济利益，最后以 2 磅中国茶叶换 1 磅西洋参的代价，让"哈里特"号载着一船茶叶返回美国。②

和西洋参不同，中国很早就有食用海参的记录。元末明初，贾铭在《饮食须知》里记录："海参，味甘咸，性寒滑。患泄泻痢下者勿食。"③明万历年间，谢肇淛在《五杂俎》中也有关于海参的记录："海参，辽东海滨有之，一名海男子，其状如男子势。然淡菜之对也。其性温补，足敌人参，故曰海参。"④从明代李时珍的《本草纲目》到清代王士雄的《随息居饮食谱》，都有与海参相关的描述。西方人的味蕾虽不能欣赏海参，但商业利益和殖

---

① 同上，第 13、280-281 页。
② The American Neptune,1997,volume57, p.211.
③ ［元］贾铭：《饮食须知》，前揭，第 64 页。
④ ［明］谢肇淛：《五杂俎》，上海书店出版社 2009 年，第 181 页。

民野心促使他们重视海参,美国人在1812年第二次独立战争以后,找到斐济、夏威夷等岛屿的土著人帮忙到处采集海参。19世纪二三十年代,西方人对中国的海参贸易几乎到达顶峰。据说3500美元购入的80吨海参,运到广州可以卖到27000美元。①

三、西食东渐与翻译问题

清代后期,尤其是鸦片战争之后,随着"西食东渐"规模的扩大,如何在汉语中描述和命名各种新兴饮食,逐渐成为必要。如何在汉语中命名绝大部分中国人甚至译者都不曾见闻或品尝的域外食物,不仅涉及语言能力和文化想象力,也需要文化遇合中的种种偶然契机。

以cheese在汉语中的接受与翻译为例,我们可以看到这个过程中充满了奇异的细节和曲折的过程。众所周知,Cheese是西洋人餐桌上一个重要的食品。"奶酪作为廉价的蛋白质来源,是欧洲民间的主要食物之一。被迫远离故土、在得不到奶酪的异乡生活的欧洲人无不思之若渴。"从欧洲穿越伊斯兰国家直到印度,牛奶、黄油、奶酪这些价格低廉而营养丰富的食物占有重要位置。西方人生活中不能缺少奶酪,却一直认为中国人不知其为何物。连历史学家布罗代尔也抱此看法:"在东方,中国形成了巨大的、坚持不变的例外:它根本不知道牛羊奶、奶酪和黄油;那里饲养

---

① (美)埃里克·杰·多林:《美国和中国最初的相遇:航海时代奇异的中美关系史》,前揭,第158-166页。

的牛羊仅供肉用。中国只有少数几样糕点使用黄油。"① 且不论布罗代尔关于传统中国人不吃奶制品的看法是否准确，我们自己也往往把喝牛奶、吃黄油奶酪视为近百年西食东渐的成果。然回顾历史，恐也未必。在汉武帝时，奶制品被认为游牧民族的食物，当时远嫁西域的汉朝公主刘细君曾留下这样的诗句，记录自己的异域生活之苦，同时也透露了中土人对奶制品的陌生："穹庐为室兮毡为墙，以肉为食兮酪为浆"②（《悲愁歌》）。然而，随着亚洲大陆民族交往与融合的不断深入，这种情况在慢慢改变。元人所著的《饮食须知》里已有"乳酪""乳饼"的条目，但只说其性状和饮食注意事项。明末清初作家张岱则详细记录了"乳酪"制作的方法：

> 乳酪自驵侩为之，气味已失，再无佳理。余自豢一牛，夜取乳置盆盎，比晓，乳花簇起尺许，用铜铛煮之，瀹兰雪汁，乳斤和汁四瓯，百沸之。玉液珠胶，雪腴霜腻，吹气胜兰，沁入肺腑，自是天供。或用鹤觞花露入甑蒸之，以热妙；或用豆粉揽和，滤之成腐，以冷妙；或煎酥，或作皮，或缚饼，或酒凝，或盐腌，或醋捉，无不佳妙。而苏州过小拙和以蔗浆霜，熬之、滤之、钻之、掇之、印之，为带骨鲍螺，天下称至味。其制法秘甚，锁密房，以纸封固，虽父子不轻传之。③

---

① （法）费尔南·布罗代尔：《15 到 18 世纪的物质文明、经济和资本主义》（第一卷），前揭，第 242-243 页。
② 余冠英选注：《汉魏六朝诗选》，中华书局 2012 年，第 7 页。
③ ［明］张岱：《陶庵梦忆》，江苏凤凰文艺出版社 2019 年，第 152 页。

上文显示，张岱甚嗜乳酪，因嫌弃市售乳酪不够味，自己养了一头牛，每天取奶制作，细致记录了制作工序。晚明时期的士绅之家，吃奶制品的习惯恐怕不止张岱一家吧。张岱记录的乳酪，与欧洲的 cheese 不尽相同，但从做法来看，也是提取牛奶里的脂肪和蛋白，混以其他食材制成的乳制食品。清代长篇小说《红楼梦》第十九回里，元妃从宫中给宝玉赐出一碗小点心，宝玉想留给袭人，最后却被李妈妈贪嘴吃掉，这碗小点心就是"糖蒸酥酪"。"糖蒸酥酪"到底为何物？用李妈妈的话，不过是"一碗牛奶"而已，"别说我吃了一碗牛奶，就是再比这个值钱的，也是应该的。"[①]糖蒸酥酪既为宫中食物，应与满人饮食习惯相关。《越缦堂日记》中记录的北京"冰酪"，或许也是差不多的东西："同治三年，正月初十日，早起，吃牛奶一器，北地得此颇难，惟夏间盛饮冰酪，而余时无人知者。"用冰镇奶酪夏季食用。《燕都小食品杂咏·牛奶酪》记录了其详细做法："鲜新美味属燕都，敢与美人赛雪肤。饮罢相如烦渴解，芳生齿颊润于酥。"原注曰："以牛乳合糖入碗，凝结成酪而冷食之，置碗于木桶上，挑担，沿街叫卖，味颇美，制此者为牛奶房也。"[②]明清奶制品的吃法，显然与蒙古族、满族长居北方游牧地区的饮食传统有关。

　　上述中国本土的奶制品，与 cheese 不是完全相同的食物。但在近代 cheese 传入中国后，曾有牛乳、奶酪、乳酪、起司等译法，其中既有英语元素的借鉴，也有汉语传统的延续。张岱笔下的"乳

---

① ［清］曹雪芹：《红楼梦》，脂砚斋评，齐鲁书社 1994 年，第 324 页。
② 李家瑞编：《北平风俗类征》（上），李诚、董洁整理，北京出版社 2010 年，第315 页。

酪"今人已不知其味，而随着 cheese 在中国的普及，今人见"乳酪"二字，脑中浮现的，估计是西式乳酪蛋糕。

总而言之，从临海贸易港口的商贸和外交，到普通人的日常生活，西方饮食开始慢慢渗透开来。就像 cheese 一样，找到自己与汉语兼容的方式，进而成为中国人日常生活的一部分。在各种各样的夷务／洋务中，相关的词典应需而生。邝其照（1836- 约1901）编写的词典①就是著名的一例。随着"西学东渐"的扩大，从科技、政治、军事、哲学等各专门领域的书籍，到文学作品，都渐渐被翻译为汉语，其中自然会涉及饮食情境或词汇翻译。近代影响最大的翻译家严复、林纾等人的译作中，如何翻译"洋饭"？这些作品又如何与日渐密集的中西交往形成互动？

西方国家的商品不断涌入中国人的日常生活，普通人有越来越多的机会买西式食品、吃西餐，从日常生活的层面感受西洋文化。在不断的交流、误解和碰撞中，许多西方餐饮名词成为我们日常语言的一部分，传统饮食习俗也因此受到挑战，甚至改变。在这个过程中，也出现了中文写就的西餐菜谱一类的文献。本书试图通过查阅梳理相关人物的回忆录、游记、文学作品及其他相关史料，来勾勒近代西食东渐过程，描绘出若干典型的微观场景。同时，也希望在此基础上检视近代用汉语书写的西餐菜谱、翻译文本等，考释餐饮新名词翻译的生成与流变过程。

---

① 邝其照是第一个编撰英汉词典的中国人，他在 1868 年至 1887 年间编成《字典集成》。

第一章

殖民者的饮食冒险与乡愁

17 世纪，欧洲对中国充满了美好的想象。传教士陆续从中国带去的书籍、资料和器物，在欧洲掀起了一股东方热潮，产生了许多中国文化的仰慕者，莱布尼茨就是其中的重要代表。莱布尼茨是德国著名的数学家、哲学家，被誉为 17 世纪的亚里士多德，是当时欧洲知识界举足轻重的人物。在莱布尼茨的时代，已经有成千上万的欧洲人生活在海外，在传教士的努力下，当时也有包括中国等多个国家的留学生在欧洲学习宗教事务。从中世纪后期到文艺复兴，欧洲开始重新重视古希腊文献，更多的异教文化进入欧洲人的视野，包括一些中国文化典籍和科技文化。[①] 经过明代到清朝前期的传教士和探险家不断的描述和介绍，在 18 世纪的欧洲，人们依然对中国有非常好的印象。按学者许明龙的归纳：

　　"18 世纪下半叶以前，中国的基本形象已经在欧洲确立。在大多数欧洲人心目中，这是一个历史悠久、地大物博、人口众多、政治开明、道德高尚、宗教宽容的国度。"[②] 当然，情况也在悄悄变化，比如英国作家笛福在《鲁滨孙历险记》的续集《鲁滨逊·克

---

① Franklin Perkins, Leibniz and China: A Commerce of Light, Cambridge University Press, 2004, p.3-4.

② 许明龙：《欧洲 18 世纪 "中国热"》，山西教育出版社 1999 年，第 295 页。

鲁索的更远历险》中，借主人公鲁滨孙之口直言，瓷器是"中国的一件奇事"，长城是"一项十分伟大的工程"①，其他皆是糟粕：

　　他们那些建筑同欧洲的宫殿和皇家建筑相比，又算得了什么呢？他们的商业活动与英国、荷兰、法国和西班牙的世界性贸易相比，又算得了什么呢？他们的城市同我们的城市在财富、实力、服饰的艳丽、家具的富丽堂皇以及城市本身的变化无穷相比，又算得了什么呢？他们的港口只有区区几艘大小帆船进出，而我们的海上交通既有商船队又有强大的海军，怎能相比呢？我们伦敦城的贸易量比他们半个庞大帝国的贸易量还大；一般配备八十门炮的英国、荷兰或法国的战舰，几乎可以同中国所有的船舶较量；然而，他们的巨大财富、他们的贸易、政府的权威和军队的力量也许可以使我们小小地吃一惊，因为我已说过，考虑到他们都是些信奉多神教的人，所以这情形才有点出乎我们意料；这确实对他们非常有利，使他们在我们眼中显得伟大和强大；实际上那本身没什么了不起的，因为我对他们的船舶所说的话，也同样适用于他们的军队……所以我得承认，回到国内后，听人们说起中国人在这些方面的光辉灿烂、强大昌盛以及贸易什么的，我总感到有些奇怪……②

---

① （英）丹尼尔·笛福：《鲁滨孙历险记》，黄杲炘译，上海译文出版社1998年，第396页。
② 同上，第387-388页。

学者葛桂录指出，这些负面描写，都是针对耶稣会教士颂扬中国的言论的。[①] 英国海军军官乔治·安森（George Anson，1697—1762）在《环球航行记》（*A Voyage Round the World, in the Years MDCCXL, I, II, III, IV*）中，也大讲中国的种种不是。

在上述大背景下，近代早期西方人对中国饮食的想象，常常简化为若干具体形象或场景。比如，西方人对中国美食的见闻，多与狗肉、燕窝之类他们陌生的食物习俗相关，明末清初来华的传教士已有这方面的记录。1556年，多明我会修士加斯帕·达·可鲁兹（Gaspar da Cruz）在中国游走数月，被街上的狗肉摊子强烈吸引："他们将狗大卸八块，砍下头和耳朵，然后像烫猪般如法炮制，再经烧烤、煮制后出售，或直接出售生肉。这就是生活在社会底层的人们的美食。他们还把活狗装进笼子里沿街叫卖。"[②] 虽然19世纪西方列强对中国不断侵略，但原来的想象却也在部分地延续。比如1860年初，英国军官乔治·奥尔古德（George Allgood）跟随英法联军大部队从印度前往中国。出发前，他给母亲写信，告诉她自己将奔赴中国战场："我将成为一个见多识广的旅行者！我将能高谈阔论烤乳狗和燕窝汤的鲜美味道。回国时我一定给您带回几只可供食用的幼犬。"[③] 刚进入中国的西方人也意识到，中国人对西餐饮食方式颇为好奇不解。在1873年圣

①　葛桂录：《雾外的远音：英国作家与中国文化》，宁夏人民出版社2002年，第98页。

②　（英）J. A. G. 罗伯茨：《东食西渐：西方人眼中的中国饮食文化》，杨东平译，当代中国出版社2008年，第15页。

③　（英）乔治·奥尔古德：《1860年的中国战争：信札与日记》，沈弘译，中西书局2013年，第3页。

诞节前夕，《伦敦新闻画报》（*The Illustrated London News*）刊登了一副名为《在中国做一道圣诞布丁》（*Making a Christmas pudding in China*）的版画。画面右边有两位英国绅士，其中一位脱了西装外套，左手扶一大盆，右手持一大汤匙在盆里搅拌。画面的右边，是七位中国人，长辫马褂瓜皮帽，他们聚精会神地盯着大盆，充满好奇。这些中国人很可能是第一次亲见布丁的制作过程。大盆旁边摆着大碗、大罐，放着制作布丁所需配料。这里似乎是一个西式厨房，西式汤锅、平底锅和碗盘等西式炊具琳琅满目。① 这幅西方人表现其东方见闻的画里，当然有英国殖民者的洋洋自得，但同时也表明，他们意识到了中西饮食之间的隔阂与碰撞。

在绪论里，我们已经介绍过，随着"哥伦布大交换"而来的，是欧洲国家在全世界的传教、冒险、殖民与侵略。顺应由此开启的世界新潮流，从清代中后期开始，越来越多的外交使团，传教士、军人，以及其他商务或民间人士纷纷踏上了古老的中国大地。具有不同先见、使命和目的的人，接触的地域、城市、人群和阶层也不同。他们身上有殖民者的各种身份，但作为饮食男女，他们的在华生活也充满了日常性。从他们留下的充满陌生化的零星记述里，我们可以看出西食东渐的一个依稀侧影。

---

① 黄时鉴编著：《维多利亚时代的中国图像》，上海辞书出版社 2008 年，第 299 页。

一、西方外交使团的饮食遭遇

鸦片战争前，英国曾两次派遣外交使团来中国访问：1793 年的马戛尔尼（George Macartney）使团和 1816 年的阿美士德（William Pitt Amherst）使团。不少研究者曾讨论过两次英国使团引发的中英之间的"礼仪之争"，以及背后的国家观念、文化和政治观念的冲突。笔者关心的问题可以算是"礼仪"的延伸：两个使团在华的饮食遭遇是怎样的？我们无法还原出全部情景，但依据文献和相关人士的回忆，依旧可窥见其概况。

马戛尔尼使团出发前，面临的难题之一是寻找合适的翻译。显然，当时整个大不列颠，都找不到一名合适的随团翻译。马戛尔尼的助手乔治·斯当东（George Staunton）终于在意大利的神学院，找到了两个准备学成归国的中国籍神父。他们虽然不懂英语，但至少懂拉丁文。但令马戛尔尼头疼的是：他们只有初级的中文书面能力，译出的中文常不知所云；其中一位还特别喜欢嗑瓜子，满嘴的瓜子皮和"咔嚓咔嚓"嗑瓜子的声音令英国绅士们头疼。[①] 马戛尔尼和使团中的三位使节都撰写过回忆录，各人记忆中的餐桌并不相同。作为此次使团的领头，马戛尔尼勋爵显然关注更宏大的内容，在私人日志中，他记录了"宗教""政府""司法""人口"等一系列"重要"的话题，访华期间的日常生活，则不屑细说。

据副使斯当东记录，他们到达天津港之际，中国政府派小船

---

① （法）佩雷菲特：《停滞的帝国：两个世界的撞击》，王国卿、毛凤支、谷炘等译，生活·读书·新知三联书店 2007 年，第 31 页。

送来供给。其中包括牛二十头、羊一百二十头、猪一百二十头、鸡一百只、鸭一百只、一百六十袋面粉、十四箱面包和其他各种粮食蔬菜。斯当东记录中的十四箱面包，理应是整个行程中最合使团成员胃口的食物。斯当东并没有特别提及这些面包有多么可口，但他注意到，中国的厨房没有烤箱，面包的做法和西方也不一样。或许英国人所见的面包，只是馒头的变种而已。使团在渤海湾的游船上吃饭时，中国官员为照顾英国人的口味，叮嘱厨师模仿英式烹调方法，把肉切成大块来做，火鸡和鹅做成整只的，但"最后做出来的菜品仍然是中国味道"。他们在游船上喝的茶，是清茶和武夷红茶，前者产自江南，后者产自福建，这两种茶对英国人来说，显然太清淡。使团不仅想念更酽的"伦敦茶"，也想念"伦敦茶"里的糖块。他们很疑惑，为何中国产糖，且质量也很好，却不大喜欢加在茶里。①

巴罗是此次使团的主计员，在他的回忆中，中国之行的饭菜似乎还比较可口。"我在这里尝到了世上最好的、用牛肉汁烧成的汤，配以豆子及其他东西。他们的面条非常好，而各种点心都特别清淡，白如雪。"他还第一次见识了刀叉以外的餐具，颇感新奇，小方桌上"没有桌布或餐巾，没有刀、叉、匙，一双小棍，或箭猪刺的管茎，用来代替这些便利的用具"，"用棍子把饭送进口里，并且把汤菜里的肉片夹起来吃"。他也很疑惑，为什么中国北方葡萄酒不常见："在各省，甚至远至北方，如北京，葡

---

① （英）斯当东：《英使谒见乾隆纪实》，叶笃义译，上海书店出版社2005年，第223、242-243页。

萄都生长良好，但看来并未鼓励种植，除了首都的传教士外，没有人拿葡萄汁酿酒。"①

使团进天津时，为示隆重，地方政府作了特别安排，使团船队溯白河而上，河两岸一路张灯结彩。中国人用喜庆的夜景欢迎客人，满脑子生意经的英国人，却被白河边一个个的盐堆吸引。据巴罗估算，这些盐有600万磅，如果天津一带的百姓能消费600万磅的食盐，那么曼彻斯特的棉布是不是已经找到了广阔的市场？②

从8月5日起，英国使团就吃中国饭了，不仅有鱼翅燕窝，也有中式做法的炖肉，"切成小方块""加上很多酱油做成的"。他们对有些菜赞不绝口，对另一些菜则不敢下箸。虽然侍从安德逊对中国各方面都很挑剔，但也承认中国人做的米饭"比我们的面包好吃"。8月21日，马戛尔尼使团抵北京，住在圆明园。他们的先头部队雇了3000名脚夫，负责搬运600包行李，后面跟着25辆四轮马车和39辆独轮车，上面有8门野战炮、其他军用物资，以及葡萄酒、啤酒和其他欧洲食品。在北京住下来之后，法国神父罗广祥（Nicolas Joseph Raux）成为使团的常客，他每天都从修道院带一些小礼物给使团，有美味的法式面包、欧式甜食、白色无核甜葡萄。罗神父说："自从在北京发现了在葡萄汁里加一定量的糖可酿成高质量的葡萄酒以后，我们就再也不为没

---

① （英）乔治·马戛尔尼、约翰·巴罗：《马戛尔尼使团使华观感》，何高济、何毓宁译，商务印书馆、中国旅游出版社2017年，第176、226、296页。
② （法）佩雷菲特：《停滞的帝国：两个世界的撞击》，前揭，第82页。

有欧洲葡萄酒发愁了。欧洲葡萄酒在中国卖得不便宜。"[①] 可见，虽然不便宜，但也并非买不到。早在康熙年间，传教士已将葡萄酒呈给康熙帝。康熙四十七年，因太子废立风波，圣体欠安，心悸严重。罗得先（Bernard Bodes）建议皇帝服用产自加那利群岛（Canaries）的葡萄酒，没想到效果很好。"西洋上品葡萄酒乃大补之物，高年饮此，如婴童服人乳之力。谆谆泣陈，求朕进此，必然有益。朕鉴其诚，即准所奏。每日进葡萄酒几次，甚觉有益，饮膳亦加。今每日竟进数次。"从此，康熙开始常饮葡萄酒，滋补身体。[②]

图 1.1 这张讽刺画于 1805 年 3 月 4 日由一伦敦出版社 Laurie and Whittle 刊发，描述马戛尔尼使团在中国的国宴上，被邀请品尝狗肉。

---

① 同上，第 80-81、108、138-139 页。
② 关雪玲：《康熙朝宫中西洋医学活动》，前揭，166 页。

使团离开北京时都认为，由于中国官员对他们拒行叩头礼不满，肯定会在生活安排上予以"报复"。但巴罗坦陈，护送使团的人员"为尽量使我们生活安适，不乏照顾，也不节约"。中方官员看到英国使节饮茶需要加奶，就买了两头好奶牛奉上。几次招待宴席，都有不下50磅的烤全猪，以及若干整头炙烤的羊、鹅、鸡和鸭。英国人虽对烹制方式不以为然，但也感受到主人诚恳招待，"总是用火烧烤，抹上油，但足以表示一番盛情"。巴罗代表使团"请求好心的同伴王大人组织一个游西湖的团队，他欣然同意，这是我们全程中唯一的一次旅游。我们有一艘漂亮的游船，附带另一艘做饭用的船。我们一上船就开始午餐，登岸才结束。至少有一百种菜肴不断上席，其中包括刚刚从湖里打捞出来的新鲜鳝鱼，烹调成种种口味，湖水清如水晶"。在行程中，巴罗观察到，中国人很少用奶当作营养品喝，也不生产奶制品，不知道如何制作黄油和乳酪。他知道白菜是首选蔬菜，天津附近有大片的白菜地，夏天新鲜食用，冬天则用盐腌或制成德国式的泡菜。走了五个省后，巴罗得出了一点关于中国饮食的结论：首都所在省份的农夫条件最差，"面黄肌瘦足以说明缺乏营养"，食物主要是米饭、粟，或其他谷物，加点葱蒜，没有牛奶、黄油、干酪、面包。①

马戛尔尼使团来访后近二十年里，英国工业革命日新月异。恩格斯对十八九世纪之交的英国有过精当的描绘："当革命的风

① （英）乔治·马戛尔尼、约翰·巴罗：《马戛尔尼使团使华观感》，前揭，第409、427、411、438-440页。

暴横扫整个法国的时候,英国正在进行一场比较平静的但是威力并不因此减弱的变革。蒸汽和新的工具机把工场手工业变成了现代的大工业,从而把资产阶级社会的整个基础革命化了。"[1]18世纪后半叶,英国正在朝着大帝国的方向发展。十八世纪六七十年代,工业革命在纺织业迈出了第一步。著名的阿克莱特水力纺纱机的发明大大降低了纯棉布的生产成本。1779年,塞缪尔·克伦普顿(Samuel Crompton)发明了走锭纺纱机,18世纪90年代,英国兰开夏地区的纺织厂开始使用这些新机器。由此,长期称霸世界的印度纺织业和新兴的英国纺织业发生了沧海巨变。十九世纪二三十年代,印度的纺织业已基本被摧毁,英国纺织业则一日千里,全面向世界进军,曼彻斯特成为新的世界纺织业中心。[2]1800年,英国人理查·特里维西克(Richard Trevithick)成功设计出可安装于较大车体上的高压蒸汽机,1803年,该机器被用于推动轨道上开动的机车。此后,英国很快进入铁路时代。而在中国,除了皇帝的更换,似乎没什么变化。由明末清初的西方传教士介绍到欧洲的那个美好中国的形象,已豪华不再。这就是1816年阿美士德使团来中国访问的大背景。

虽然阿美士德勋爵缺乏亚洲外交经验,但他有两位得力的副手作为副使:小斯当东(George Thomas Staunton)和亨利·埃利斯(Henry Ellis)。小斯当东是马戛尔尼使团副使乔治·斯当东

---

① (德)恩格斯:《反杜林论》,见《马克思恩格斯选集》第三卷,人民出版社1972年,第301页。
② (日)浅田实:《东印度公司:巨额商业资本之兴衰》,顾姗姗译,社会科学文献出版社2016年,第177-179页。

的儿子，当年曾随父亲一起访问中国，熟谙中文，曾作为东印度公司广州商馆职员常驻广州，了解中国国情；埃利斯曾在东印度公司孟加拉分部任文职，亚洲生活和外交经验丰富。第一位来华的新教传教士马礼逊（Robert Morrison）任使团翻译。由于身份的差异，小斯当东和埃利斯的日志主要回忆了赴北京觐见、与清朝官员交涉的过程，翻译马礼逊则重点记述了访华期间的重要事件。阿裨尔（Clarke Abel）是阿美士德使团的随团医官，他以观察者的视角，记录了使团和清政府打交道的一些"细枝末节"。

1816年2月9日，使团从英国普利茅斯港出发，7月10日抵达广州外海。他们与来自广州商馆的小斯当东等人汇合后，继续北上。据阿裨尔回忆，8月12日中午，他们的船只到达白河边的大沽，中国官员先后送来各种食物作为礼物。一艘载满礼物的帆船上运了牛、羊、猪和成袋的米，成箱的茶叶、糖等许多东西。使团上岸后，钦差又给特使和随员们送来各种惹人注目的供给，包括去皮的肉、已经烤好并切成一半或四分之一的羊、大量的猪和家禽，以及数不清的中国餐具；还有炖好的鱼翅、鹿肉、燕窝以及海参、蛋糕和蜜饯塔，大量腌菜和几坛酒。遗憾的是，丰盛的中式菜肴似乎并不合英国特使的胃口。阿裨尔坦陈，"这些物品中的一部分成为我们的饮食，而且由于我们是第一次享受中国食品，好奇心驱使我们尝遍各种食品，可它们的味道再也不能吸引我们吃第二口了。大块的羊肉、猪肉和鸡肉，被涂上了厚厚的一层颜料，显现出一种很亮的金属光泽，这似乎更适合于满足眼睛而不是满足口味，以致我们都不想破坏它们那鲜艳的表面"。

当天下午，使团抵达天津。次日上午，与清朝官员正式会面。见面最主要的议题之一，是跪拜问题。争执了两个小时后，筵席开始，摆上桌的依然是地道的中餐，首先是用马奶和马血做的汤，第二道是水果和肉干，第三道是八大碗，有鱼翅燕窝和"其他在中国人看来有助壮阳的美味珍馐"。为了照顾英国人的用餐习惯，中方特别为英国使节准备了"四齿银叉，曲线就像一把弯刀"。①

使团依然没法绕开"礼节"问题。到达通州后，使团收到通知，"跪拜问题要在通州作出最后决定"。8月21日下午，几位钦差大臣到使团住处拜访时，使团成员们正在吃饭，六位头戴蓝色顶珠的官员"粗鲁无礼地从迎候在门口的几位先生身旁挤了进去，也没有理会他们的问候"，"他们身上都透着一种无可言状的傲慢"。这次拜访匆匆结束，阿裨尔没有记录，不知使团的餐桌上摆着什么菜？他们被打断的用餐能否继续？由于使团拒绝向嘉庆帝行跪拜大礼，他们毫无悬念地被逐出京城。阿裨尔还是一位博物学者，那个时代的英国，博物学是上流人士的常见癖好。他一路留心观察中国的植物，有颇多发现，比如：莲子做的甜品很可口，但莲藕并不好吃；北京人爱吃大白菜，北京的城门经常被运白菜的车辆堵塞，他尝试把白菜做成沙拉，似乎和其他生菜的味道差不多，如果煮熟了，味道有点儿像芦笋。他发现中国人最喜欢猪肉，最不喜欢牛肉。另外，"狗、猫和老鼠在市场上公开出售，供那些买得起多余食品的人食用。"某使团成员在大通

---

① （英）克拉克·阿裨尔：《中国旅行记（1816-1817年）——阿美士德使团医官笔下的清代中国》，刘海岩译，商务印书馆、中国旅游出版社2017年，第83-87、95页。

花 18 便士买了一只雏鸡和一只猫①,我们不知道,他最后怎么处理这两只动物。

鸦片战争是中华帝国被西方列强侵略的开端。《中英南京条约》《中美望厦条约》签订后,法国任命拉萼尼(M.de Lagrene)为公使,率八艘兵船访华。这时期的外国使团,显然比此前更飞扬跋扈。拉萼尼使团 1844 年 8 月抵达澳门,他们向清政府提出签订"商约"的苛刻要求。法国人伊凡(Dr. Yvan)是拉萼尼公使的随员。当年十月,在广州十三行钜贾潘仕成的邀请下,伊凡与其他几位使团成员一起,从澳门进入广州代表公使赴宴。潘仕成为他们准备了特别的餐点,用"欧洲的礼仪"招待客人。只是,这些客人心里似乎并不买账。伊凡这样记录这次宴席:"一个中国仆人,学会做某些可怕的英式食物,准备了一些平淡无奇的煎肉或者烤肉。在伦敦,人们将其和土豆一起吃。我们非常痛苦地吞下了食物,这决不是盎格鲁-撒克逊民族的美食天才所发明的食物。"在烤肉等西式餐点上桌后,端上来一盘更大的"惊喜"——"这是一只老鼠,一只真的老鼠,什么也不缺,不缺头也不缺尾。我们甚至能看清死尸并不年幼:上颚的门牙很长。"潘仕成从容地给客人解释道,"这种动物来自被珠江淹没的稻田,它是在远离人群的地方被抓住的,远离城市泥泞的排水沟。在它小的时候,它在香蕉树和荔枝树下玩耍。后来,它开始吃水稻的甜秆和米粒。在高级餐桌上,只会吃这种田园的清洁老鼠"。伊凡虽自认为"没

① (英)克拉克·阿裨尔:《中国旅行记(1816-1817 年)——阿美士德使团医官笔下的清代中国》,前揭,第 103、133、234 页。

有偏见"，但是，"吃了一些放在盘子里的鼠肉，一致认为它很糟糕"。吃完正餐，遵照西方人的习惯，主人精心准备了饭后甜点。仆人端上来一个盖着红漆盖子的平盘放在桌上，这是潘仕成的十三位夫人准备的蛋糕。打开盖子，只见很多精细均匀的小蛋糕和小甜乳酪，"它们香甜可口，我们再也找不到更好的词语去描述它们有多么香甜"。吃完蛋糕后，按西餐习惯，主人还给客人们准备了一瓶优质的玛尔戈葡萄酒。潘仕成说："所有欧洲的酒类之中，这是我最喜欢的。我完全习惯了它。喝这种酒时，我能在家里的每个角落都闻到比腊梅还要香的香味，它使得整个香山都香了起来！"[①]

二、传教士的饮食记录

与外交使团和外交使节职能不同，到中国的传教士除了与政府接触，还要与地方士绅、知识分子和普通百姓打交道，甚至常常需要深入偏远之地。他们旅途遭遇的不确定性、经济和物质补充的不稳定等，都让他们有更丰富的饮食遭遇。下面，笔者根据所见文献，列举其中较为典型的一些案例。

卫三畏（Samuel Wells Williams）是最早来华的一批美国传教士，他1833年抵达广州，在中国各地生活四十余年，著有《中国总论》和《汉英韵府》等重要汉学专著。1838年初，他在写给父亲的信中，描述了自己和其他传教士在澳门的饮食情况：早餐

---

① （法）伊凡：《广州城内》，张小贵、杨向艳译，广东人民出版社2008年，第54-57页。

一般八点开始，多半吃米饭（boiled rice），佐咖喱、鸡蛋或者鱼，茶是唯一的饮品，也有米糕和吐司，但没有肉。[1]

1854 年，英国传教士戴德生（James Hudson Taylor）来到中国。他先后在上海、汕头、宁波、杭州等地传教，足迹踏遍中国东南沿海。1854 年他刚到上海之际，曾在家信里透露，自己薪水不高，只能吃米饭，吃不起面包，喝不加牛奶和糖的茶。[2] 换言之，那些薪水更高的传教士，已经有条件吃西餐了。据美国长老会传教士倪维思（John.L.Nevius）回忆，在中国可以买到任何一种美式食品，只是加工方法不同而不合口味，所以许多传教士家里，都有美式烤炉和会做西餐的厨师。当时，年薪 5 美元可以雇到一位中国厨师，传教士的妻子或女传教士会教他们做面包和黄油。[3] 倪维思的夫人曾回忆到，1854 年，他们从美国来到中国，在宁波落脚，之后搬到杭州。当时，手边的食材非常有限，做饭的家伙事儿也少得可怜，可他们夫妇需要一些有营养的食物。仆人很苦恼，不能做出更好的食物。一天早晨，仆人们想烤一些松饼（griddle-cakes），虽然他们费了很多力气，可蛋糕总是烤不熟，厨师提议，不如向上帝祈祷吧，"如果我们请求他帮助，他会帮助我们的"。倪夫人欣喜地发现，祈祷后的蛋糕，味道确实好多了。[4]

① Frederick Wells Williams, The Life and Letters of Samuel Wells Williams, New York and London: G.P. Putnam's Sons, 1889, p.107-108.

② Dr. and Mrs. Howard Taylor, Taylor Hudson in Early Years: The Growth of Soul, New York: Hodder&Stoughton; George H. Doran Co, 1911, p.215。

③ （英）J.A.G. 罗伯茨：《东食西渐：西方人眼中的中国饮食文化》，前揭，第 53 页。

④ Helen Sanford Coan Nevius, The Life of John Livingston Nevius: For Forty Years a Missionary in China, New York: Fleming H.Revell Company, 1895, p.181-182.

1868 年，英国圣公会传教士约翰·亨利·格雷（John Henry Gray）来到香港担任会吏长，他之后曾在广州的教会里任职。在此期间，他撰写了若干关于中国见闻的书。在 *China: A History of the Laws, Manners and Customs of the People* 中，他描述了自己在广州街头见到的狗肉铺（Kow-Yuk-Poo）。广州城内，有不下二十间狗肉铺。铺子里不仅有狗肉，也有猫肉。每间狗肉铺只有一个堂食间，顾客进门后，需穿过厨房才能到堂食间。格雷在厨房里看到切成小块的狗肉、猫肉和菱角大蒜一起慢炖。狗肉铺的窗户上，挂着一具具的猫狗，格雷猜测是为了招徕顾客、吸引注意。在这位英国传教士冷静的笔触下，还是能感受到他看到猫狗尸体被挂在窗户上、被剁成小块煨在火上的惊异和不适。有意思的是，猪肉铺挂猪头，火腿店悬火腿，大家都习以为常。但是，狗肉铺窗口垂着一具具猫狗尸体，似乎有所不同。他还记录了一份挂在餐馆墙上的菜单[①]：

    ☜一盆猫肉　10 cent

    ☜一小盆黑猫肉　5 cent

    ☜一瓶酒（wine）　3 cent

    ☜一小瓶酒　1.5 cent

    ☜一碗粥　2 cash

    ☜一盆蕃茄酱（ketchup）　3 cash

---

① John Henry Gray, China: a history of the laws, manners and customs of the people, volume II, edited by William Gow Gregor, London: Macmillan and Co., 1878, p.75-77.

🖐一两黑狗油　　4 cent

🖐一对黑猫眼　　4 cent

　　根据 Gray 的翻译，搭配猫狗肉，这家店也卖 wine 和 ketch-up，不知这里的 wine 是中国酒还是洋葡萄酒，ketchup 是不是今天我们所知的舶来品蕃茄酱。

　　1869 年，美国传教士何天爵（Chester Holcombe）来华，1885 年回国。他出版于 1895 年的《本色中国人》，是近代来华传教士影响较大的著作之一。作为一位学者型传教士，他这样描述中西饮食差异："中国人的饮食文化，博大精深，每一道菜都有独具的特色。这一点，与西方的菜肴颇为不同。与之相应的，主人与客人之间的应答招呼、举杯饮酒等形式上的礼仪，也是截然不同。在这种情况下，外国人在中国的餐桌上，经常会闹出一些笑话，这让人们感到颇为有趣。而不像一般人所说的那样，会使用餐的人们感到无助，甚至单调乏味。这些西方的食客，有很多人在自己的国家也算是美食家了，但是面对中国神奇多样的菜肴，他们全都变成了小学生。这也没见过，那也没吃过，就连吃饭使用的工具，他们用起来也捉襟见肘。一个美国人，在中国人家中做客，可能会手持一双筷子，为顺利夹起一颗米粒，而下一番功夫。然而，当他回到美国，在自己家中招待中国人时，他很有可能看到，这位中国客人屡次使用刀叉无效后，将其愤怒地扔到一边，而不得不求助天然的工具——十个手指头。"[①]

────────────

① （美）何天爵：《本色中国人》，冯岩译，译林出版社 2016 年，第 79-80 页。

著名传教士李提摩太（Timothy Richard）1870 年经过上海到达烟台，开始在山东传教。他虽第一次到中国，但饮食方面居然没什么障碍——"在最好的旅店里，什么样的食物都能买到：精心烹调的鸡、猪肉、鱼和鸡蛋，都有许多不同的样式；烤猪肉和大白菜像火腿和鸡蛋在英国一样普遍；应季随时供应的蔬菜有土豆、红薯、山药、白菜、芜菁、胡萝卜、茄子、豆子、豌豆、李子、黄瓜，而每年不同季节可吃到的水果有樱桃、桃子、李子、梨子、苹果、杏、柿子、各种瓜、葡萄，而核桃类则有花生、栗子、菱角和莲子。酒有用高粱做的，呈西班牙的雪利酒的那种黄颜色；也有用大米做的；还有一种是用黍子酿制的，可以保存，喝时要加热"。1875 年，李提摩太到达山东青州，他记录道，"我的食物非常简单。早餐一直是小米粥，类似于燕麦粥，是由我的仆人从街上买回来的，通常上面覆盖着一层厚厚的红糖，在冬天可以使下面的粥保温一个小时。这样满满一碗粥只花费五文钱。喝粥时通常我还吃一种薄如纸的小米煎饼，圆周约如威尔士奶酪大小，一张煎饼花费三文钱。只有在一件事情上我算得上是奢侈：吃煎饼时总是抹上外国黄油"。看来，在山东青州这样的城市，也可以买到黄油。"我的午餐也是由仆人从街上买回来的，包括四个粽子，每个都裹着宽大的树叶，是沿街叫卖的小贩出售的，加起来花费不超过一个便士。""晚餐比较奢侈。通常不在家里就餐，而是下馆子。在饭店里，第一天我会点一个煮鸡片（汤煮的鸡身上的白肉，味道好得很），第二天晚上则可能点一个溜鱼片（用一种很有味道的汤做的鱼）。叫过主菜后，我会再要四个小馒头，形状和大小都像一个小玻璃杯。整个晚餐的花费全部加起来不会超过一百二十文，合六便士。在冬天，晚餐之前我一般会先喝一盎司黄酒，大概花费六便士。喝过酒不一会儿，原来就冻得冰凉的双脚会变得热乎乎的，舒服得很。"[①] 看来，李提摩太非常享受自己的中国生活。

美国基督教公理会来华传教士明恩溥（Arthur Henderson Smith，1845–1932）以关于中国的系列著作闻名。1872 年来华，明恩溥先后在天津、鲁西北等地传教，后来撰写了几部颇有影响的中国题材的书。相比许多传教士的经验性记录，他更愿意思考中西餐的异同。据明恩溥观察，他在中国最初的印象之一，是中国百姓生活节俭，"似乎仅仅依赖种类很少的食品维生，诸如稻米、各类豆制品、谷子、蔬菜和鱼"。"只是过节或逢有特殊事情，才加一点儿肉。"能以这么少的食品维持营养，"这表明中国的烹饪技术普遍达到了高水平"。"虽然对于外国人来说，似乎经常觉得中国人的食物是低劣、粗糙、乏味甚至倒胃口的，然而却不能不承认在饮食和服务方面，中国人是有经验的烹调师。"他相信温格洛夫·库克（Wingrove Cooke）判断，中国人的烹调技艺在法国人之下，英国人之上。"他们烹调技术精湛，构料简单，却能不断地花样翻新，品种繁多，这一点，极少注意中国烹饪术的人也是全然了解的。"[②] 明恩溥看到，中国的宴会礼仪常常让

① （英）李提摩太：《亲历晚清四十五——李提摩太在华回忆录》，李宪堂、侯林莉译，天津人民出版社 2011 年，第 57-58、65-66 页。

② （美）亚瑟·史密斯：《中国人的气质》，张梦阳、王丽娟译，敦煌文艺出版社 1995 年，第 4-5 页。

西方人难以忍受："中国的宴会常常令人恐怖，因为宴会一开始，主人就热情地为你夹菜，把你的碗装得满满的。至于你是否喜欢吃，能不能吃得了，他们才不关心呢，他们只当你喜欢。""更可怕的是中国人的宴席，好像永远不会停止似的，而且菜肴多得出人意料。这对中国人来说，简直是一种享受，有些人甚至舍不得离开。可是对任何一个外国人来说，这么做都叫人心生恐惧。"但他依然认为，"在吃这个方面，西方文明远远落后于中国文明"。他自认为发现了一个非常关键的区别："关于吃，中国人非常明白时间在其中的作用，但我们不是这样的。中国人十分聪明地指出，需要加快速度的应该是工作，而不是吃。……他们可以利用吃饭去拖延所有可以拖延的事情，而且没有丝毫顾忌。在中国人眼里，这个借口有先天的合理性，其合理性就像一位法国女人在无法与访客见面时，所用的'我马上就要死了'这个理由一样。对于那些吃饭时总是胡思乱想、急急忙忙，根本没把心思放在吃饭上的外国人来说，这种特殊的饮食方式，可以说是一种警示。"[1]

1883 年，年轻的英国传教士苏慧廉（William Edward Soothill）从宁波抵达温州，当时，这座小城共有 12 个外国人。1884年底，他和未婚妻苏路熙（Lucy Farrar Soothill）在上海举行婚礼，1885 年，回到温州生活。他前后在这里居住二十五年。他努力学习汉语，甚至成为温州方言的专家，但长期的异乡生活让他多少有些想念老家的味道。据苏路熙回忆，去乡村传教时，仆人给苏

① （美）亚瑟·史密斯：《中国人的德行》，朱建国译，译林出版社 2016 年，第 19、24、228 页。

慧廉挑着扁担，一头是三层饭盒，一头是被铺。饭菜只能保存一个礼拜，但是，他往往一出门就是几周，于是他常常带着两种罐头，牛津香肠和沙丁鱼。[①] 苏路熙也努力尝试做些可口的饭菜，但当地的原料经常让她犯难。她把心思主要花在烤制正宗英式面包上，因为没有酵母，她和厨师用一小撮啤酒花、一两片土豆、一茶匙糖和一些"老面肥"替代。虽然能做出面包，但"太酸了，很难吃！"苏太太锲而不舍，继续细心看护她的酵母，"天冷的时候，把罐子仔细包裹在法兰绒里，放在炉子边上，唯恐它变冷"，但面包依然"硬到非得用大砍刀才能劈开！于是乎它被当成脚凳。再之后，我们把它丢到火里；但是它拒绝变身，进去是一块砖，出来还是一块砖"。好在一位中国本地厨师解救了这一家人的胃，他不仅会制作酵母和面包，还会用牛奶制作黄油。很遗憾，苏太太没说明，这位厨师的西餐手艺从哪里得来。苏慧廉还在上海买到了"一台硕大、二手的咖啡研磨机"，这样至少能让磨咖啡豆的工作简单一些。只是，那位上海化学家把这台磨豆机卖给苏慧廉之前，一直用它研磨蓖麻籽，所以苏慧廉的咖啡，味道总有些怪。[②]

随着西方人深入中国各个角落，西餐在中国的传播速度非常快。到20世纪初年的中国，西式餐点已经比较普遍，一些较小的地方，也留下了西餐饮食的痕迹。因为义和团运动，英国籍传教士盖洛洼（汉名又译郭楼尔，Archibald Edward Glover）带

---

① 沈迦：《寻找·苏慧廉》，新星出版社 2013 年，第 18、35-38、57、71 页。
② （英）吴芳思：《口岸往事》，柯卉译，新星出版社 2018 年，第 160-162 页。

着妻小从山西向东，然后一路南逃，风餐露宿。好不容易到达湖北孝感的伦敦传道会（London Missionary Society），与教友们汇合，一家人在那里吃上了鱼肉、禽肉、咸肉（preserved meat）和土豆，尤其是装在几个大饼干桶里的雀巢奶粉，美味得无以言表。[①]

图 1.2　为了更好地传教，传教士们努力融入中国生活。左为苏慧廉，右为李提摩太及其家人。

三、其他西方人士的饮食见闻

中国之大，不同区域的西餐接受与传播，千差万别。除外交使团、传教士之外，还有各种西方人士记录的在华饮食经历。下

① Archibald Edward Glover, A Thousand Miles of Miracle in China: a personal record of God's delivering power from the hands of the imperial boxers of Shan-si. London: Hodder & Stoughton, 1904, p.357.

面我们分别展示他们在东南沿海城市、北方城市和内地城市等不同区域的一些轨迹。这些人的餐饮遭遇与见识，情态万千，堪称"西食东渐"过程中最生动的部分之一。

据美国商人威廉·亨特（William C. Hunter）的《旧中国杂记》记录，1831年，他和几位在广州工作的外国人，宴请一位盐商的儿子吃饭。盐商的儿子带了一位从未尝试过西餐的中国朋友赴宴。这个朋友名罗永，罗永后来给北京亲戚写信时，讲述了自己这顿与"番鬼"共餐的经历：

> 他们坐在餐桌旁，吞食着一种流质，按他们的番话叫做苏披。接着大嚼鱼肉，这些鱼肉生吃的，生得几乎跟活鱼一样。然后，桌子的各个角都放着一盘盘烧得半生不熟的肉；这些肉都泡在浓汁里，要用一把剑一样形状的用具把肉一片片切下来，放在客人面前。我目睹了这一情景，才证实以前常听人说的是对的：这些"番鬼"的脾气凶残是因为他们吃这种粗鄙原始的食物。他们的境况多么可悲，而他们还假装不喜欢我们的食物呢！想想一个人如果连鱼翅都不觉得美味，他的口味有多么粗俗。那些对鹿腱的滋味都不感兴趣的人，那些看不上开煲香肉①、讥笑鼠肉饼的人，是多么可怜！

有意思的是，罗永在信中数次提及一位已去世的厨师，名叫

---

① 根据该书另一译本注释，"香肉"即狗肉。参阅（美）威廉·亨特：《天朝拾遗录：西方人的晚清社会观察》，景欣悦译，电子工业出版社2015年，第38页。

卢万记。这位卢大师不仅善于烹饪各种食材，还留下了洋洋320卷的巨著《烹饪要诀》。罗永曾认真研读《烹饪要诀》里的许多篇章，吃过用书中方法烹制的象蹄和犀牛角。以此来嘲笑这些用"半生不熟"的肉裹腹、"啃了一些大块大块的肉，吃剩的都扔给一群咬来咬去的狗"的"番鬼"。他们连鱼翅、狗肉和鼠肉饼都欣赏不了，还谈什么美食！也只能吃"令嗓子里火辣辣"的咖喱，制作过程令人生呕、"放在阳光下曝晒，直到长满了虫子"的奶酪，"浑浑的带红色的"、会"弄脏人的衣服"的啤酒。在信的末尾，罗永尤为想念"那一款无以伦比的佳肴——炖小猫"，毕竟，卢大师书中第六十八卷上写着一句"短短的，但很重要的话：'炖小猫，配以鼠肉，宜热食'"[①]。

亨特的经历非常形象地展示了早期西餐与中餐过程中相互歧视、彼此好奇的情景。

1860年8月1日，法国人F·卡斯塔诺（F.Castano）跟随英法联军乘船抵达山东烟台芝罘港。作为保护港口临时野战医院的士兵，卡斯塔诺开始了为期七个月的在华生活。卡斯塔诺似乎很适应羁旅生活："中国人为我们提供了各种肉类和食物，包括大量优质的禽类、野味和鱼类。""每天都有供货丰富的集市，我们能在那里买到上百打鸡蛋，上等的鱼类及美味的葡萄。苹果和梨子的质量差些，品种较少。集市上的价格并不高：鸡蛋一打25生丁，野兔和野鸡每只1法郎。""我们的士兵几乎从未享受过

---

① （美）亨特：《旧中国杂记》，沈正邦译，章文钦校，广东人民出版社1992年，第40-44页。

比这更好的驻扎地了。他们将军粮和军用饼干卖给中国人，当地的中国人很喜欢吃这些东西，甚至愿意用野味、禽类、鸡蛋和鱼类来和士兵们交换。" 在卡斯塔诺看来，无论是路边卖的高粱饼子、不加糖的茶，还是富人们的燕窝汤，都很奇怪。"我曾见过参加中国人宴席的联军官员在离席时仍然饥肠辘辘，因为他们觉得每一种菜吃起来都很恶心。""这个民族的大部分食物是蔬菜，比如红薯、山药、胡萝卜、萝卜，以及一种白菜，它的叶子很像甜菜。中国人会将这些蔬菜混入高粱面团子里一起食用。" "中国人几乎不吃面包,至少联军经过的地区都对面包知之甚少。""我们在中国的城市里经常能看见供货齐全的熟食铺，还有看起来很美味的烤鸡。有一天，我让一名士兵去买回一只鸡，看样子很美味，然而吃起来却完全不同，我们几乎难以下咽。中国人做什么都放油,那些油令人恶心，可能做灯油都不够资格。尽管他们也有奶牛，但这里没有黄油，也从不吃奶酪。"①

到上海以后，虽然卡斯塔诺和他的战友们很快就吃到了面包、喝上了咖啡和"应有尽有"的酒，但他还是对中式餐饮做出另一种井底之蛙式的感叹："这个不幸的民族既不知道如何制作面包，也从不食用面包……中国人只是将面粉做成自己非常爱吃的各种糕点。""中国的厨子做什么都放油。他们甚至用熬熟的猪油，但猪油也不比其他的油好多少。尽管中国有奶牛，但这里的人根本不知道什么是黄油，他们只用牛奶来喂养牛犊。我们在中国的肉店里找不到任何牛肉、奶牛肉或者小牛肉。"卡斯塔诺在臧否

---

① （法）F•卡斯塔诺：《中国之行》，张昕译，中西书局2013年，第42-43、54-55页。

中国食物时，绝不会忘记嘲讽英国邻居。他记录了这样一件轶事：一位英国海军军官受邀到一位中国官员家吃晚餐，由此见识了装在碗里的"软乎乎的虫子、腌制的鱼翅、泡在醋里的嫩树芽，以及其他一些传说中的菜式。"饥肠辘辘的军官吃不惯这些，当仆人端上来一道看起来很美味的肉菜时，立刻开始大快朵颐。终于感觉没那么饿了，这位军官开始琢磨，这到底是什么肉？难道是比英国绵羊后腿肉更细嫩的中国绵羊腿？他和中国官员用手势比划了半天，中国官员张嘴叫了三声：汪！汪！汪！他才明白自己吃的是狗肉。于是，英国人再次满怀恭敬地要了一块后腿肉，并向主人证明自己的味觉器官在任何国家的任何口味前面都能屈能伸。充满好奇的卡斯塔诺还记录了自己的朋友多恩与一位中方高级官员见面的场景。"总督（重要官员，也叫府台）……命令那些官员为我们端来茶水、烟斗、雪茄和火石"，到另一个大厅后，桌上摆着"糕点、果酱、蜜饯、饮料，另外还有 tsimounn 酒，是一种大麦做成的香槟"。多恩也请中方人员品尝了自己带去的糕点、饼干、果酱和罐头，还有葡萄酒和甜烧酒。"中国社会的精英都对香槟赞赏有加，当我请总督大人品尝里克维尔（Riquewihr）葡萄酒时，他咂了咂嘴，满足地说：这酒真好喝！这酒真好喝！"[1]

　　有意思的是，带着好奇、偏见与傲慢来到中国的卡斯塔诺，住了大半年后，也说出了这样的话："《圣经》上有说，日光之下，并无新事。我在中国的习俗中发现了一项证据。尽管讲座在法国很流行，尽管英式和美式的科学、文学座谈会超过了法国，但这

---

[1] 同上，第 70-72、56-57、89-91 页。

并不是欧洲人的专利，讲座在中国自古以来就存在。中国有些聚会的地方，叫做茶铺，中国人围拢在小茶桌边，就像是法国小咖啡馆里围着圆桌大杯喝啤酒的人一样，兴致勃勃地听人讲着感兴趣的话题，有时是讲故事，有时是演讲。"①

19世纪60年代，英国医生安德森（James Henderson）来到上海工作，职业的敏锐让他看到，在上海生活的外国人吃得太好，食量大，对健康不利，容易生病。他记录了这些人丰盛的晚餐：饭前先喝浓汤、雪利酒，再用香槟佐一两道前菜，接下来吃牛肉、羊肉、禽类、培根和更多的香槟或啤酒；吃完这些上米饭、咖喱和火腿，当然还有野味；之后的甜点包括布丁、果冻、各种酥皮小点（pastry）、奶油冻（custard）或果味牛奶冻（blancmange），以及更多的香槟；吃完这些，再继续享用奶酪、沙拉、面包、黄油和一杯波尔多红酒；大多数情况下，还得来一波水果、坚果和若干杯各式红酒；最后以一杯浓咖啡和雪茄结束。② 即使这位医生有言过其实的可能，但由此可想象当时一些在上海的外国人餐饮的情形。同一时期，根据上海海关食堂的食物供应和支出记录发现，他们除了胡椒、盐、油、醋和酱汁从英国进口，其他原材料都从上海本地采买，"虽然所采购的每一样东西，从米到鹬鸟，都容易被少量克扣，但好在没有带来严重的不良影响。"③

1863年，英国人包腊（Edward Charles Macintosh Bowra）到

---

① 同上，第92页。

② James Henderson, Shanghai Hygiene or Hints for the Preservation of Health in China. Shanghai: Presbyterian Mission Press, 1863, p.11.

③ （英）吴芳思：《口岸往事》，前揭，第152页。

天津海关工作。他在海关食堂吃饭，所费不多就能吃到两三种葡萄酒，还有带骨大块肉、禽肉、野味、鱼和蔬果，即便是"考文特蔬菜花卉园（Covent Garden）也很难匹敌"。[①]Covent Garden一直是伦敦的商业中心，市场丰富，餐厅云集。包腊的比较中，无疑饱含着满足感。

　　1865年，英国外交官密特福（Algernon Freeman-Mitford）途经香港，并在此驻留，这时的香港，西餐似乎已经比较常见："六点钟，仆人端茶进来，将你唤醒；起床洗漱，阅读或写作一直到十二点才吃早餐，当然，商人要在十点甚至更早去办公室。午餐每天都是固定几道菜，还有香槟和葡萄酒；任何人，只要愿意来，都会受到热情的欢迎，或许还会受邀来吃晚餐。喝杯咖啡，抽支雪茄，继续工作直到五点钟；之后每个人都会出去骑马、驾车或散步一直到七点钟，晚上就在俱乐部喝酒聊天……"他显然对晚饭非常满意，"到八点钟我们四个人就开始坐下来吃晚餐了，有咖喱鳎目鱼汤，这里的河流就以盛产鳎目鱼而闻名，还有三道主菜，一块煮得恰到好处的牛脊肉、滨鸟肉、咖喱大虾，此外还有芭蕉、橘子、番樱桃（味道就像玫瑰叶）和干荔枝等甜点，所有这一切色香味俱全。我们还带了酒，我没享受过比这更丰盛的晚餐了。在伦敦有没有任何人，在抵达空房子后不久，就能享受这样一顿美味佳肴？中国人如果学会了我们的烹饪方式，定会成为世界上最好的厨师。厨艺需要的是手巧和丰盛的想象力，不需要

---

① 同上，第140-141页。

什么知识，这恰好与他们的能力相吻合。"①

6月4日，已经到北京的密特福，去安定门的练兵场拜访清军将领恒祺，并一起在附近的一座寺庙吃早餐。"中国人上菜的顺序恰恰与欧洲人相反。他们首先上来的是一杯杯的茶，茶杯清理后，每个人面前会放两块碟子。然后甜点和糖果端上桌来：橘子、苹果、核桃、蜜饯、各种糖果、油炸的杏仁干果和其他一些点心。接下来的是美味的肉——最有名的就是海参，吃起来就像甲鱼汤，还有竹笋、鱼翅和鹿腿——所有呈凝胶状的菜都是最贵的；著名的燕窝汤就像是鱼胶，煮得不是很浓。最后上来的是一种米汤。一开始，我发现筷子吃很困难。吃的方法就是把你的筷子伸到每道菜里去，然后夹一点放到自己的碟子里，在整个过程中，碟子不换，筷子也不擦。如果你要恭维某个人，就用你自己的筷子夹一点然后放到对方的盘子里，同样，他也会这样对待你。有时候一个人同时和两三个彼此恭维，转来转去的颇为搞笑，也不雅观。菜非常丰盛，甚至在我看来有点太多了。有六十多种不同的食物放在桌子上，我必须承认，我的筷子几乎尝遍了每一道菜，竟然没有一道让我觉得不合胃口的。当地的酒通过小杯子倒给我们：感觉不到甜味，只有酸味和清怡爽口的感觉。"②为客人夹菜，是中国人待客的礼貌之一，但在欧洲人的饮食礼节中却没有这个。德国社会学家西美尔曾精彩地分析过盘子在西餐中的社会学内涵："与原始时代人们共同使用的碗相比，盘子是个人

①　（英）密特福：《使馆官员在北京：书信集》，叶红卫译，中西书局2013年，第7、10页。
②　同上，第37页。

主义的产物。盘子暗示着这部分食物已经被分出来，只给这个人享用。盘子圆的形状强调了这一点；圆形的线条是最排他的，把其内容毫不含糊地集中在自身内部——而为所有人共用的碗可能是有角的，或者是椭圆形的，也就是说，它不像盘子那样带着嫉妒意味地拒人于千里之外。"[1]传统中国人哪晓得盘子还有这么复杂的象征意义呢？

作为大英帝国外交官，密特福虽居住在皇城北京，但对中国人的日常生活并不了解，"他们的生活和习惯对我们来说就像一本未开封的书"。他通过俄国领事馆认识了一位兵部三品杨老爷，被邀请去他家做客。他非常高兴，毕竟"我们见过中国官员都是在会谈的时候，他们都穿正式服装，戴着面具。因此，能够认识一些职位高的中国绅士对我而言是莫大的乐趣"。他在一封写于1866年4月22日的信中，描述了这次拜访，感叹"这顿早餐是我所见过的档次最高的中式早餐"，其中一道卤驴肉特别美味。但是密特福不太会使用筷子，杨老爷马上给他提供了叉子。[2]

相较而言，同一时期的内陆城市，西餐似乎不易得。苏格兰工程师约翰·加文（John Gavin）1863年也从上海搬到汉口，虽然1860年汉口首任领事金杰尔已到任，但汉口外国人还不多。他在1863年2月27日给他姐姐的信中写道："我的圆面包、短面包，诸如此类，都收到了。它们看起来不错，保存得很好，就像新烤出来的一样。一位先生让我写信告诉家里，它们有多受欢

① （德）齐奥尔格·西美尔：《时尚的哲学》，费勇、吴蓉译，文化艺术出版社2001年，第32-33页。
② （英）密特福：《使馆官员在北京：书信集》，前揭，第114-115页。

迎。"在同年 6 月 3 日给母亲的信中,他写道:"迪娜寄给我一块戈登奶酪,在这样的气候下倒是没有坏掉,我宁愿要一些果酱,6 先令一罐,挺便宜的。如果你要给我寄来,得把果酱放在窄口的罐子里,罐子不能太大,因为大罐装不如小罐装更耐储存。"由此可推测,当时汉口西餐稀缺。汉口地方官员应邀去领事馆共进早餐,他们看到刀叉觉得很漂亮,但表示用处不大,还是手指头更好用些。他们看到面包,询问是什么做的,将信将疑地掰了一块尝尝。加文和九江的"一位绅士"去乡下玩,乡间的人们对于他们吃东西的方式更是感到"可笑"。①

1898 年,汉口五国租界成立后,各国先后设立休闲娱乐俱乐部(总会),汉译波罗馆。波罗馆一般有酒吧间、大餐房、弹子房、理发室、浴池等,但这些地方估计价格不菲,非一般收入阶层可负担。虽有人诉病汉口拥有"中国同等规模城市中最糟糕的外国酒店",但汉口依然陆续有一些标志性饭店开张,比如提供"以极快的速度从酒桶中舀出"冰冻啤酒的波麦饭店(Boemer's Hotel),当时汉口最高级的德明饭店(Terminus Hotel)等。②

中国西南地区也已经有西餐的痕迹。1868 年,英国商人库珀(T. T. Cooper)进入中国腹地,一路从重庆行至缅甸。期间也有重庆商人热情邀请他参加宴会,用丰盛的中式菜肴招待他。长期生活在四川的法国传教士,显然知道欧洲人的胃口,居然能安排一顿西式大菜招待了库珀,把烤小山羊、土豆、面包、黄油端

---

① (英)吴芳思:《口岸往事》,前揭,第 130-131、136-139 页。
② 王汗吾、吴明堂:《汉口五国租界》,武汉出版社 2017 年,第 159、161-162 页。

上桌。[1] 这些西餐材料应该是从外面带进来的，一个例证是 1882 年，宜昌领事斯宾士（W.D.Spence）被派到重庆，担任临时领事，他随身带不少西洋食品，包括进口的柑橘果酱、黄油、咖啡豆、泡打粉和咖喱粉，两小桶欧洲运过来的矿泉水，以及九打葡萄酒和白酒。[2] 可见，当时在宜昌这样沿长江的城市，西洋食品还算容易获得，可到重庆这样更内陆的城市就不一定了。据说此后十多年，被派往重庆的西方人都会带足六个月的罐头食品。法国七月王朝国王路易·菲利浦一世的曾孙——亨利·奥尔良（Prince Henrid' Orleans）是一位探险家，也是一位画家、摄影家、作家。他也是最早进入西藏的欧洲人之一。1895 年 1 月，他与人结伴向云南出发。他在这里见识了各种各样的民族，同时也发现，"当地食物资源十分丰富。找到穆斯林就可以找到牛羊肉。当地蔬菜品种繁多，欧洲的蔬菜应有尽有，水果如草莓、桃杏，核桃，都十分可口"。不知是他们旅行物资带得充足，还是一路补给方便，从思茅到大理的路上，"晚上自然是绵羊肉，各式各样的羊肉吃法，伴随着日本酒，随后又喝咖啡，抽国产雪茄烟"。到了大理府，就更加方便了。他们住在罗尼设（Pere Leguilcher）神父家，罗尼设神父已来华四十三年，经历过很多大事件，他在屋子后面种了棕榈树、橘子树、杏树和各种法国蔬菜。在大理街道两旁的小铺子里，有来自英国、缅甸或百色的欧洲商品。食材供应也很丰富，不仅有大理本地的牛、羊、蔬菜、土豆，也有来自距离此地"两

---

① （英）J. A. G. 罗伯茨：《东食西渐：西方人眼中的中国饮食文化》，前揭，第 50-51 页。
② （英）吴芳思：《口岸往事》，前揭，第 162 页。

天路程"①的基督教地区的黄油。

四、"复制"西餐

如果说以上记述里的 18 世纪末到 19 世纪西方人在中国的种种餐饮体验，显示的是中西饮食方式碰撞和融合的漫长过程，那么，到 19 世纪末 20 世纪初，在许多城市里，西餐已经非常成熟。殖民者在各地新建工厂，开辟新的据点，针对这些机构和人群，各商行也"无所不卖"。

美国社会学家 E·A·罗斯曾来华考察，据他观察，西安有十几个商店，可以在那里买到包括炼乳、甜露酒等外国商品②。美国东方学者欧文·拉铁摩尔（Owen Lattimore）曾在天津的一家商行工作，他说，"作为代理，我们为欧洲和美国的买家带去中国出口的所有东西，并进口中国所能进口的东西"。在上海，充满格调的各国风味餐厅、茶室比比皆是，从意大利式的夜总会到苏格兰式的乡村风格茶舍，可以吃到"精美的蛋油奶酪糕，可爱的迷你卷饼配鹅肝酱"，美式圣代、汉堡和美式俱乐部三明治（club sandwich），还有自制司康饼以及山羊奶制成的奶。外国人在小天地里复制着家乡生活，美味的日常西餐、隆重的圣诞宴请、更多的仆人。虽然他们的仆人都是中国人，但厨师往往能够采购到合适的食材，能迅速学会特殊风味的外国菜肴。当然，中间难免

---

① （法）亨利·奥尔良：《云南游记——从东京湾到印度》，龙云译，云南人民出版社 2016 年，第 21、82、94-98 页。

② （美）E·A·罗斯：《变化中的中国人》，何蕊译，译林出版社 2015 年，第 149 页。

有一些令人哭笑不得的瞬间。一位厨师非常擅长制作糖霜蛋糕，他的主人以为，厨师是用自己特地买来的、带有各种类型花嘴的裱花袋做蛋糕的，没想到厨师在饱餐的客人前宣布，为了做出糖霜效果，"我用了一只旧牙刷"。客人们神色惊愕，他继续解释道："先生，不是主人的牙刷，是我自己的牙刷。"美国传教士步惠廉（William Burke）的妻子曾回忆道，有一天，自己在教佣人烹制法式煎土豆时，刚好脚疼，于是她在厨房削土豆皮时，一只脚穿拖鞋，一只脚穿普通鞋子。第二天，她到厨房，看到厨师在准备这道菜时，只穿一只鞋，厨师严肃地解释道，"这是制作这道土豆菜肴的方式"。寓居北京和天津的许多外国人夏天喜欢去北戴河度假，那里是靠近长城的入海口，不仅风景宜人，而且几乎能提供西式生活需要的一切，包括樱桃白兰地、生姜饼干等等。如果深入内地，他们需要带上威士忌、面包、罐头猪头、罐头豆子、罐头焖羊腿等食物。当然，白面包和爱尔兰土豆都是奢侈品，需要回到大城市才能享用。①

英国著名作家毛姆曾于 1919 至 1920 年间来中国旅行，他这样描述自己在通商口岸经历的一次宴席："这样奢华的宴会布置在英国的餐桌上已经看不见了。红木餐桌上摆放着叮当作响的银质家具。雪白的织花台布中间是一块黄色的丝绸垫布，是那种你在青春年少时从集市上无法遏制地买下来的东西，在它上面是一个桌布饰架。高高的银瓶里插着大束菊花，使你只能从缝隙瞥见坐对面的人，高高的银烛台略显骄傲地成对昂首挺立在桌边。每

---

① （英）吴芳思：《口岸往事》，前揭，第 228、271、257、280、243 页。

一道菜都有与之相搭的酒，雪利酒配汤，鱼和白葡萄酒一起上。主菜有两道，一道是白色的，一道是棕色的。关于这些，百分之九十的细心主妇都会觉得对于一次正式晚餐必不可少。"如果不是特别说明这是在中国的通商口岸，这样的描述会让人联想起任何一个英国城市。在《大班》中，毛姆写了一个住在上海的英籍洋行经理的生活片段，他"吃饭时总要储备一套正餐：汤、鱼、餐前开胃菜、烤肉、甜点和餐后菜肴，这样一来，就算他在最后一刻请人来家里吃饭，也没有问题"，他把整套英国的生活方式复制过来，生活水平还更好，也难怪"对回国毫无兴趣"。他回家之前，"在汇丰银行吃了一顿丰盛的午饭，招待标准非常高，菜肴都是一流的，还有各种各样的美酒。他先是喝了几杯鸡尾酒，接着又喝了几杯上好的白葡萄酒，最后，又喝了两杯波尔图葡萄酒和一些精酿白兰地"。① 在彼时中国沿海的大城市里，西方贵族和资产阶级的生活方式被复制，这些外国人在殖民地的空中楼阁里，一边睥睨中国普通人的辛劳无度，一边盘算着自己似乎伸手可及的发财梦。可谓梦里不知身是客，直把他乡作故乡。"梦乡"中复制的故国饮食，自然是最真切的部分。

---

① （英）威廉·萨默塞特·毛姆：《映象中国》，詹红丹译，万卷出版公司2017年，第21、192-193页。

第二章

放下筷子，拿起刀叉：近代中国人的西餐体验

被动接受西洋事物的近代中国人，是如何逐步接受西餐饮食的？"天朝"和"中国"的臣民们，起初对"番夷"的饮食大都充满偏见和不接受。随着与西方列强的冲突碰撞逐渐增多，中国人也开始调整对西餐饮食的态度。据张星烺考证，最早游历欧美的中国人是顺治到康熙年间的郑玛诺，此后，零星有随传教士赴欧者。但这些人留下的文字记录较少，也没有产生实质性的影响。[①] 在 1840 年中英鸦片战争后，中国出现的最早关注西方世界的近代知识分子，已开始关注欧洲饮食及其习惯。

　　无论是魏源、徐继畲、还是梁廷枏，他们介绍西方世界的共同特点是，主要依据明清以来西方传教士带入中国的资料和信息。即便如此，我们仍然可以看到他们在多方面可敬的努力。梁廷枏在 1846 年著成的《海国四说》里，这样介绍英吉利人的饮食习惯："早曰饮茶，所食惟干馔。午曰小食。晚曰大餐，禽畜、烧烤皆备，饭以面饱。"[②] 虽然没有具体菜肴的描述，但已经有大致形象。在成书于 1849 年的《瀛环志略》里，徐继畲在介绍各国地理、历史和现状时，也间或介绍了西欧各国的饮食情况。徐氏介绍之细

---

① 张星烺：《欧化东渐史》，前揭，第 31-32 页。
② ［清］梁廷枏：《海国四说》，骆驿、刘骁点校，中华书局 1993 年，第 158 页。

致，颇有清代朴学的风格。他提到荷兰"草场丰广，便于牧牛。所制奶饼极佳，又善造火酒，二者通行各国"，西班牙产火腿、葡萄酒等。还令人惊讶地详述了法国的气候与风物："西北气候颇寒，土卑湿，宜稼穑果实，东南温湿，多草木，宜葡萄。物产之最丰者为葡萄酒，南方之民多以酿为业，味极醇，色淡黄微赤，极清，味似中国北方黍米所酿，斟之起沫。一瓶有值洋银数十圆者。西土良醪皆取给于佛，岁得价银六千余万圆。又造熟酒，岁得价三百万圆。"如果我们不了解作者履历，看他对法国西南部葡萄酒如此细致的介绍，我们一定相信他到过法国。他对英国日常餐饮习惯的描述，比梁廷枏更具体形象："早餐皆饼饵馒头，沃以牛油。饮茶与加非，参以牛乳白糖。午饭谓之大餐，牛羊肉或烧或炙，饮葡萄酒。蔬菜不甚用，惟重荷兰薯。"[①] 短短一段话里，已经把西餐中的常规食物构成说清楚：面包、黄油、茶、咖啡、奶酪、牛羊肉、土豆等，在当时有限的信息条件和感性认知水平下，作者能搜集到如此翔实的信息，让人叹为观止。

相比上述近代中国"开眼看世界"的先驱，绝大多数中国人面对西餐的表现，可能与英国人唐宁（Charles Toogood Downings）的描述差不多。他记录了19世纪前期，一位新任广州海关总管应外国商行之邀，享用英式早餐的过程。广州是中国近代早期最开放的城市，这里的官员对西餐的态度，想必不是最保守的。这是一次正式的宴席，商行工作人员和许多好奇的外国人都在场。

---

① ［清］徐继畬：《瀛寰志略校注》，宋大川校注，文物出版社 2007 年，第 209、234、219、263 页。

海关总管身着朝服，坐着轿子如约而至。宽敞的房间正中摆着一张餐桌，雪白的桌布上摆放着各种各样的当季佳肴，果味牛奶冻（blancmange）、布丁和水果应有尽有，但凡英式早餐需要的高级餐点，桌子上都有。海关总管在大小随从的簇拥下，坐在桌子的正座上，仪态威严。桌子两旁用栏杆围着，总管大人在栏杆里坐着，"番鬼"们在栏外伺候。总管大人年约六十，灰白的胡子从上嘴唇蔓延到下巴，他头戴一顶华贵的官帽，帽子后的孔雀毛花翎跟着脑袋一起，在堆满了"番鬼"食物的餐桌前来回摇摆。他示意手下夹来各色菜肴，仔细端详后，又全部推开。孔雀毛花翎在所有的菜式面前晃了一圈后，总管大人最后决定，还是来一杯茶吧。这众目睽睽下的一杯茶，让大部分围观的"番鬼"们四散开去——午餐时间到了，也看得差不多了。有人嘀咕这个老头太蠢，而在唐宁看来，他脸上写着大大的偏见。[①]

　　这位中国官员在西餐桌上的态度和表现，肯定不是孤例。清代后期，尤其鸦片战争之后，无论是中国朝廷、官府和民间，都被迫直面西方人的入侵，因此中国人关于西洋饮食的各种见闻与思考也多起来。及至清末，无论从宫廷还是民间，西餐已经广泛地被接受。连慈禧太后、少年溥仪到盛宣怀这样的股肱大臣，他们的日常生活中都有西餐的痕迹。慈禧太后一生对洋人的态度微妙多变，也因此多受诟病甚至误解。她的女官德龄回忆过一些细节：有一次美国画家凯瑟琳·卡尔（Katherine Carl）被邀请至颐

---

① Charles Toogood Downings, The Fan-qui, or Foreigners in China（vol.III）, London: Henry Colburn Publisher, 1840, p.82-86.

和园，为慈禧画像。为迎接卡尔小姐，宫中太监奉命做了各种准备。慈禧说："唯一让我发愁的是：我们这儿没有西餐，怕卡尔小姐吃不习惯。"还让德龄把自己家里的洋气炉带到醇亲王的官邸，万一卡尔小姐有需要可以派上用场。慈禧觉得，外国女人在用餐时总是要喝点酒，卡尔小姐要与皇后、女官们一同吃晚餐，因此慈禧特别吩咐预备"香槟或卡尔小姐喜欢的其他什么酒"。还有一次，俄罗斯公使夫人受邀进宫觐见慈禧。紫禁城准备了各色佳肴，"除平时使用的餐具外，每个座位上还有一份描着金龙的菜单，桃形的银碟子里装着杏仁和瓜子，除了筷子之外，还有刀子和叉子。"[1] 据美国传教士赫德兰（Isaac Taylor Headland）记录，最初觐见慈禧和光绪皇帝时，宫里并没有像样的西餐，"餐桌上铺着颜色十分艳丽的漆布，但是没有像样的桌布或餐巾，我们都用和手帕一样大小的五颜六色的花棉布做餐巾。没有鲜花，桌上的装饰主要是大盘小盘的糕点和水果"。之后，情况就不一样了。"桌上铺着雪白的桌布，摆放着色彩浓艳的鲜花。康格夫人在美国公使馆宴请格格们之后，宫里更加重视学习外国的礼仪。可以看出，这些公使们对最微不足道的事如桌布摆放和装饰都很重视。后来再进宫参加宴会时，都是既有中国菜，又有西餐。"[2]
溥仪年幼时就开始接触西餐，他的英国老师庄士敦一心想把他培养成"English Gentleman（英国绅士）那样的人"，常叮嘱他"礼

---

[1] 德龄公主：《紫禁城的黄昏：德龄公主回忆录》，秦传安译，中央编译出版社 2004 年，第 161、168-169、37-38 页。

[2]（美）I.T. 赫德兰：《一个美国人眼中的晚清宫廷》，吴自选、李欣译，百花文艺出版社 2002 年，第 44-45 页。

貌十分重要", "如果有人喝咖啡像灌开水似的，或者拿点心当饭吃，或者叉子勺儿叮叮当当地响，那就坏了。在英国，吃点心喝咖啡是 refreshment(恢复精神)，不是吃饭……"①

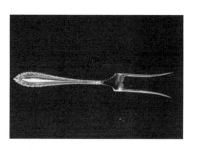

图 2.1a 烤土豆叉（baked potato fork），烤土豆时用来戳土豆。

图 2.1b 黄油叉（butter pick），用它来拿取小块黄油。

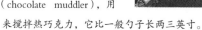

图 2.1c 巧克力勺（chocolate muddler），用来搅拌热巧克力，它比一般勺子长两三英寸。

---

① 爱新觉罗·溥仪：《我的前半生》，群众出版社 2007 年，第 90-91 页。

图 2.1d 推匙（food pusher），在维多利亚时代，用手触碰食物被认为很不礼貌。小孩用这个餐具把食物推到叉子上或勺子里。

图 2.1e 在 19 世纪，英国的银质餐具制造业十分发达。上图为当时著名的银餐具制造商 Joseph Rodgers & Sons 的厂房。

另外，作为洋务派后期重要代表人物的盛宣怀，也是一个非常钟爱西餐饮食的人，他的日记中有不少关于西餐的记录。比如，1908 年农历 8 月 7 日，他在日记里描述了自己在日本吃了过多西餐而身体不适的细节："晚间便泄数次，想系西餐稍多，胃纳不化所致。余每疑病不在肺而在胃，其或然欤。"[①]

中国人面对西餐，从一开始生理上的不习惯，文化的偏见，到最后连宫廷都有所接受，甚至有许多人引以为时髦，这个过程

① 李瀚之、盛宣怀：《东隅琐记：愚斋东游日记》，岳麓书社 2016 年，第 65 页。

是复杂的，我们很难通过文献呈现全貌。西方列强入侵引发的民族危机和发愤图强，是近代中国的主旋律。清末中国人关于西方的关注点，多为西方的军事、科技和制度等层面的内容。作为社会历史"末端"的餐饮，是大历史熟视无睹的部分。在国人撰写的各种文献中，相关痕迹不算多，但许多内容却颇具深意，其中不但显示了近代中国饮食变革的具体情形，也可以读出关乎家国、历史文化的丰富意蕴。下文将通过两方面的内容来展示之：一是晚清官员外交官涉外驻外时的西餐经历，二是近代中国的重要历史事件、个人掌故以及相关诗文中西餐形象的变化。

一、晚清官员的外交与西餐

相较日常生活中的餐饮行为，外交场合的宴席受关注度更高，更具有象征意义。晚清官员在涉洋事务中与西餐遭遇，是一个渐进的过程。上一章里讲述的西方外交官来华的餐饮体验，与下列中国官员涉外工作中的餐饮经历，可以形成有趣的参照。

第一次中英鸦片战争后，晚清官员开始与欧美官员密集打交道。鸦片战争刚结束时，最引世瞩目的一次会见，是耆英与璞鼎查（Henry Pottinger）在香港的会面。1843 年 6 月 20 日，钦差大臣耆英（1787-1858）赴港，与即将上任的香港总督璞鼎查见面，商谈《南京条约》善后事宜。"香港的维多利亚城曾因英国当局接待清朝的钦差大臣耆英而成为了一个举行盛大庆典的喜庆场所"，香港报纸《中国邮报》用了五个专栏的篇幅报道了此次盛况。1845 年 11 月 27 日，《伦敦新闻画报》不仅摘取了《中国邮报》的相关报道，还特别介绍了耆英举办的答谢宴会，"用尽可能长的篇幅来列举这次宴会的所有细节"。据《中国邮报》介绍，这是一场"奢华的中式宴席"。耆英答谢外国使节的宴会，自然主打中式菜肴。不过，这场中式晚宴和英国人印象中的中国菜肴多少有些差异，比如，英国人非常惊讶地发现，餐桌上一粒米饭也没有见到。毕竟从很早开始，许多来自西方的旅行者和传教士都对中国的米饭印象深刻。"所有的作家都告诉我们，中国人进餐在任何时候都少不了米饭"。[①] 比如 16 世纪，曾代表西班牙访问中国的传教士马丁·雷达（Martin de Rada）在福建生活几个月后写到，中国人刚开始用餐时，只吃菜不吃主食，到用餐快结束时，会连续吃三四盘米饭。17 世纪中期，西班牙传教士内夫雷特（Domingo Navarrete）在中国住了近十年，游览大半个中国后，他发现中国人只要有了豆腐、茶叶和米饭这三件宝，干起活来就浑身是劲。17 世纪法国历史学家杜赫德（Jean-Baptiste Du Halde）虽没来过中国，但他通过整理大量的传教士笔记和信件，撰写了《地理通志》和《中华帝国通志》等介绍中国的书籍。他也这样认为，中国人也吃面食，但一般以大米为主食。[②]

不难猜想，耆英组织的涉外宴会，多少参照皇家菜的排场。满人刚入京时，御膳房主要由山东厨师掌勺，他们随即对御厨作了重新安排。在顺治、康熙和雍正年间，宫廷里仍然以传统满洲

---

① 沈弘编译：《遗失在西方的中国史：〈伦敦新闻画报〉记录的晚清 1842-1873（上）》，北京时代华文书局 2014 年，第 56-60 页。

② 参阅（英）J. A. G. 罗伯茨：《东食西渐：西方人眼中的中国饮食文化》，前揭，第 15-20 页。

菜肴占主导。乾隆年间引进了新菜谱，还增加了新厨师。据说来自苏州的厨师张东官深得乾隆喜爱，多次随御驾南巡。历经数朝发展和丰富，清宫御膳花色繁多，各种菜系融合，自成一系，满汉全席最为典型。19世纪，满汉全席还演变出许多地区性版本，从广州到天津之间的重要城市都可见到。满族人除禁食狗肉外，饮食可谓多元。与汉族人最大的不同，就是清朝宫廷会消耗大量的奶制品。在茶和饽饽中加牛奶，是清宫膳食的一大特色。各朝皇帝都明确规定了，从皇帝到各级嫔妃，每人的奶牛定量应为多少。此外，宫廷还有特供的黄油、奶酪和奶酒等各类奶制品。①

《伦敦新闻画报》报道了更多宴会细节："每个座位前都放着筷子，但清朝官员偶尔也会使用刀叉和汤匙"，每个桌上摆满了鹿肉、鸭肉、"用任何赞誉形容都不会过分的"鱼翅、"仅次于鱼翅的"鲨鱼汤、栗子汤、公鹿里脊汤、排骨、鱼肚、油焖笋、烤乳猪、鸽子蛋、一片片的热饼和冷果酱泡芙，以及"众多难以用文字描述的热汤和炖菜"。餐桌中央还有烤制的孔雀、野鸡和火腿，"不时地，耆英会以一种最文雅的中式礼仪用筷子从他自己的碟子里夹出一小块肉，递到身边最尊贵的客人盘子里"。客人们在宴席上觥筹交错，喝了香槟、红酒、黑樱桃酒、白兰地、利口酒、雪利酒和中国烧酒。②可见，这次答谢外国使节的宴会，不仅有融合满汉特色的中式菜肴，仅从餐具和酒来看，也算中西合璧。

---

① 参阅（美）罗友枝：《清代宫廷社会史》，周卫平译，雷颐审校，中国人民大学出版社2009年，第53-57页。
② 沈弘编译：《遗失在西方的中国史：〈伦敦新闻画报〉记录的晚清1842-1873（上）》，前揭，第56-60页。

在如此级别的宴席上加入西餐元素，当然不仅是让与会者吃得好。第一次鸦片战争后，英国人不再是仰视神秘东方的蛮夷，中国人见识了外国的洋枪大炮后，虽然仍旧口口声声称之为蛮夷，但心里的傲慢难免打折扣。向英国人示好最简便的方式，大概就是准备几瓶他们爱喝的酒了。从香槟、葡萄酒到白兰地，应有尽有，大家虽然语言不通、口味不同，但在酒精的作用下，之前战场上的刀光剑影也能顺理成章地变成饭桌上的觥筹交错。

同治年间，清朝开始往欧洲派遣官员和留学生。美国传教士何天爵曾留下这样的记述："1870年，北京有个高级官员，被派往欧洲。当时，他负担了一项特殊使命。临走的时候，他一定要把一百十五多磅的食盐连同其他的行李，一起带上车。在他看来，即将到达的地方，一定没有食盐，而他早就习惯了吃盐。"[1] 只是，这个传闻从何而来？究竟说的是谁？有几分真几分假？都不得而知。我们所知的清朝第一位派驻欧洲的官员是郭嵩焘（1818-1891），他是洋务派官员，参与过晚清众多历史事件，曾与王韬等当时通西学和洋务的人士有较多接触。王韬是近代中国游欧第一人。他因曾与太平天国政府通信，一度被清政府通缉，由于与当时来华传教士来往甚密，先避至香港，后于1867年底随英国传教士理雅格（James Legge）到英法等国游览考察两年多。他刚到英国时曾留下这样的诗句："山川淘美非吾土，家国兴哀托异乡。海外人情尚醇朴，能容白眼阮生狂。"[2] 他也留下了许多西餐方

① （美）何天爵：《本色中国人》，前揭，第4页。
② 王韬：《王韬诗集》，上海古籍出版社2016年，第126页。

面的记录，比如，"晨夕饮膳，亦极丰腴。酒炙纷陈，奢于自奉，最豪者饔两餐所需，月费百数十金，寓租佣值称是，旅居诚非易事。别有饭肆，司庖厨掌烹调者，法兰西人为最精。其食饮精洁，固不待言。"① 他赞美西餐的丰盛、干净，但也叹其昂贵。

在当时的清朝官员中，郭嵩焘对西方的好奇和欣赏比较罕见，对西方的科技、政治制度、生活习俗等，都表现出浓厚的兴趣。早在 1856 年，他还是曾国藩的幕僚时，一次有机会在上海参观外国的轮船，在浏览完精密的近代机械后，他对西餐礼仪和食品也表现出好感，在日记中赞美道：

> 网舱之后，左右皆小房，最后为大厅。设几席，置酒相款。食物四器，若蛋糕、条酥之类，皆牛油为之。酒味甘醲（即所谓西洋葡萄酒也），内地无其匹也，而皆冷咽之。②

1875 年，郭嵩焘出使欧洲，担任清朝驻英法公使。从他抵欧后的日记，可见他对欧洲各方面的关注之细。从各门科学知识、军事、历史和政治制度，到历史、文学等，都有留意，写成《使西纪程》一书，国内朝野纷纷传阅。他对西方的超前认知水平和在欧洲随乡入俗的表现，引来许多保守官员的不安和批评。比郭嵩焘晚十五年到欧洲任职的薛福成，曾就此感慨过："昔郭筠仙侍郎每叹西洋国政民风之美，至为清议之士所抵排。余亦稍讶其

---

① 王韬：《漫游随录·扶桑游记》，湖南人民出版社 1982 年，第 111 页。
② ［清］郭嵩焘：《郭嵩焘日记》第 1 卷，湖南人民出版社 1981 年，第 32 页。

言之过当……此次来游欧洲,由巴黎至伦敦,始信侍郎之说。"①
开明如薛福成者,都不全信郭嵩焘的描述,其他官员的批评也可
想而知了。刘锡鸿曾任郭嵩焘的驻英副使,因二人有间隙,清政
府 1877 年改派刘任德国公使。作为保守派官员,刘锡鸿多次上
奏朝廷,攻击郭嵩焘过于"西化"的派头,实在有损天朝大清威仪:

> 伦敦为各国会集之地,衣冠举动各从其俗,英人绝不
> 强以相同。乃洋人多持伞,郭嵩焘则急索伞;洋人不持扇,
> 郭嵩焘则急于去扇;洋人听唱皆捧戏单,郭嵩焘不识洋字,
> 亦捧戏单;洋人闻可喜之词皆以指击案,郭嵩焘不谙洋语,
> 亦效击案;甚至中国茗饮本为洋人所最好,郭嵩焘且改用银
> 盘银罐盛糖酪以奉客。摹形肖色,务欲穷工,不以忘本为耻。
> 上年七月初九日与臣同观于喀墩炮台,被服洋衣,顾盼自得。②

显然,刘郭矛盾,除私怨之外,还有国家观念的差异,刘锡
鸿显然更保守传统。刘锡鸿攻击郭嵩焘的内容中有一条,就涉及
餐饮礼仪。他的日记可证明,如此批评郭,恐怕未必全为私怨:
"日本国政令改用西法,并仿其衣冠礼俗,西人皆鄙之,谓模仿
求合,太自失其本来也。……宴会洋人,应自用中国器具。彼免冠,
我应拱手答之。"③对照这段日记,就可以理解,为何刘认为"中

---

① 马忠文、任青编:《中国近代思想家文库·薛福成卷》,中国人民大学出版社 2014
　年,第 337 页。
② 转引自熊月之:《论郭嵩焘与刘锡鸿的纷争》,《华东师范大学学报》1983 年,第 6 期。
③ [清]刘锡鸿:《英轺私记》,朱纯校点,湖南人民出版社 1981 年,第 43 页。

国茗饮"习惯比洋人的"银盘银罐盛糖酪"高级。银质餐具在维多利亚时代的英国，已经常见于贵族和新兴资产阶级的餐桌，郭嵩焘以此待客，除了猎奇心，肯定也有随乡入俗的考虑。而在刘锡鸿看来，郭嵩焘以西餐礼仪招待客人，就是数典忘祖，屈尊媚洋，这是当时朝野十分敏感的话题。因为这些攻击，两人被朝廷各打五十大板，双双被召回国。郭嵩焘回国之际，去辞别维多利亚女王，英国官方专为他们饯行。郭嵩焘在日记里，特意记了几笔：英方询问，女眷是否能同席？郭嵩焘答"中国礼不同席"。英方于是另设席，邀请了六七位"世爵夫人"来陪同。[①]有意思的是，刘锡鸿虽然抨击郭嵩焘西化，但在其日记里，对"英人宴客俗"也兴趣十足，还颇有兴致地作了细致记录：

> 廿三夜戌正，德尔秘宴中国使者于外部署。亥正，其妇复以茶会请。英俗，凡宴客，必夫妇亲之，赴宴者亦夫妇偕至。宾主坐次，皆先定而标识之，无逊让礼。妇坐不与夫偕。男宾之贵者，扶挟主妇，就席并坐。余皆以次挟客妇坐。主人分尊，则妇皆肉袒。宴将毕，妇人先起，男宾复酬，少顷乃散。所谓茶会者，煮加非及，剂以白糖牛酪，佐以饼饵，布席堂侧，以俟客至而饮之。客多，则皆立谈。是夜，德尔秘之妇所请客，凡二百馀人。妇女盛饰，袒露胸背之半，摩肩蹑踵于堂，与男子见，辄握手。[②]

---

① 熊月之编：《中国近代思想家文库·郭嵩焘卷》，中国人民大学出版社 2014 年，第 171 页。

② [清] 刘锡鸿：《英轺私记》，前揭，第 79 页。

有陌生化的、好奇的眼光，才能有如此细致的记述。刘锡鸿日记里，还记录了参观伦敦东郊一家啤酒厂的经历，并细致描绘了当时啤酒制作的大致程序：

> 伦敦之东，有巴尔格厘北尔坚士者，哗酒酿房也。以大池为酿器，以深屋为酒缸，每酿辄十数屋，扬其沫而凉之，然后注诸木桶，桶盛酒四百磅（十二两曰一磅）每年贯出六十万桶以上，皆销诸伦敦，无他出者。初七日，禧在明请往观之。据酿家云：伦敦似此酒局凡四家，较小者尚众，是知英人之酒癖为独深也。哗酒以炒麦及恰士为之（恰士木名，本土所植），其味颇苦，能充养血气。[1]

这大概是中国人关于欧美啤酒厂的较早记录，除了对酒工业本身关切，也表现出刘锡鸿对英国习俗的热心研究。由是观之，刘锡鸿虽批评郭嵩焘崇媚西洋事物而有失本来，但从日记看来，他对西洋事物的好奇心，实不让于郭嵩焘。他把beer译为"哗酒"，也是颇用心思的译法。刘为广东番禺人，粤语"啤酒"发音近于"杯走"，更重要的是，"哗"在汉语中，既是个非常用字，也能状声形味——"哗哗剥剥"指连续不断的声响，"哗苿"指植物的香味，两层意思合起来，可让人迅速想到啤酒泡沫涌动的声响与流溢弥漫的香味。

郭嵩焘的接任者是曾纪泽。按官员出使的惯例，他先在北京

---

① 同上，第166页。

拜辞两宫太后，然后才能出发。他走的是一条晚清到民国期间，中国官员乃至留学生到欧洲的基本路线：从北京到天津坐船出发，或从上海、香港出发，先南下，再转西行抵达印度洋，经地中海，登陆西欧诸国。勤奋的曾纪泽一路学习英文法文，读其前任郭嵩焘的《使西纪程》——这本书曾引起国内保守派官员的激烈批评，他们认为郭对西洋的赞美太过分，这是那个时代不可避免的悲剧。当时的情境下，每个出使欧洲的中国人，都将面临世界观的剧烈重塑。曾纪泽有一句表明心迹的诗句，只有彼时坐在远行之船上的中国人可写出："鱼跃鸟飞都入曲，海天无际独鸣琴。"① 光绪四年 10 月 28 日，曾纪泽在上海至香港的船上，用日记记录了在船上吃西餐的情形：

> 巳初二刻为早餐，酉初为大餐，皆先二刻鸣铎以为号。肴核既陈，复鸣铎，则客皆就坐矣。午亥陈茶食三次，有红茶、咖啡、牛乳、糕饼之属。午、亥二筵，亦鸣铎以为号。卯筵不鸣铎，主客晨起盥漱后，自就坐而食饮焉。英国人早餐多在午刻，故午筵有麦饼、牛肉、火腿之属，专为英人设，以英人往往不就巳刻之早餐也。②

曾纪泽途经法国，公干完毕后抵伦敦，开始了公使生涯。除了出色地办理外交事务之外，作为一个学者型外交家，这期间他

---

① ［清］曾纪泽：《曾纪泽集》，喻岳衡点校，岳麓书社 2005 年，第 297 页。
② 同上，第 330 页。

不但在剧院看莎剧："所演为丹国某王弑兄、妻嫂、兄子报仇之事"，① 同时也广泛见识了欧洲的方方面面。1886 年，曾纪泽结束了八年的公使生涯，据说他回国后，已颇能接受西式饮食习惯和生活方式。他与苏格兰传教士德贞（John Dudgeon）交好多年，从出国前开始，就与他和一些外国传教士交往，学习英文。学者高晞关于德贞的传记显示："八年的欧洲生活，曾纪泽生活中的许多部分已经西化，他会按时带孩子去种痘局种牛痘，回国后，德贞继续负责他们家孩子的预防接种，定期上门种痘。德贞也会请曾纪泽父子共进西餐，而曾纪泽会邀德贞帮其租借俄罗斯邮局开生日派对。"②

比曾纪泽更年轻的晚清著名诗人、外交官黄遵宪（1848–1905）曾长期在日本、美国、英国和新加坡的外交机构任职，正如他在1899 年的《己亥杂诗》里自况："我是东西南北人，平生自号风波民。百年过半洲游四，留得家园五十春。"由于多年在日本，目睹其近代维新，又有机会游历四大洲，他在当时读书人中，以见识广博著称。1890 年，黄遵宪在伦敦跟随薛福成任外交参赞，他写了三首记述参加白金汉宫王室宴会的诗，其中第一首描写了宴会盛况：

酌君以葡萄千斛之酒，赠君以玫瑰连理之花，饱君以波罗径尺之果，饮君以天竺小团之茶，处君以琉璃层累之屋，乘君以通憹四望之车，送君以金丝压袖之服，延君以锦幔围

① ［清］曾纪泽：《使西日记》（外一种），湖南人民出版社 1981 年，第 66 页。
② 高晞：《德贞传：一个英国传教士与晚清医学近代化》，复旦大学出版社 2009 年，第 184 页。

墙之家。红氍贴地灯耀壁，今夕大会来无遮。褰裳携手双双至，仙之人兮纷如麻。绣衣曳地过七尺，白羽覆髻腾三叉，襜褕乍解双臂袒，旁缀缨络中宝珈，细腰亭亭媚杨柳，窄靴簇簇团莲华，膳夫中庭献湩乳，乐人阶下鸣鼓笳。诸天人龙尽来集，来自天汉通银槎。衣裳阑斑语言杂，康乐和亲欢不哗。问我何为独不乐，侧身东望三咨嗟！①

在薛福成《出使英法义比四国日记》光绪十六年（1890 年）四月初二的日记中，可以找到与黄诗参照的记录："晚十点，率同参赞黄公度、马清臣、许静山、张听帆，赴柏金韩模宫观跳舞会。十二点半钟回馆。"②"柏金韩模宫"即白金汉宫，为英国王室的重要居所与办公地之一。显然，这是一场由英国王室邀请的外交舞会，按西俗，会上有葡萄酒、茶点、水果和乳制品等食物。学者田晓菲注意到了诗里"异国情调"的奢侈之物："在这里，我们看到这些奢侈之物的异国情调，无论是葡萄酒、玫瑰花、菠萝、天竺茶、琉璃窗还是墙上的挂毯等等都是异域新奇之物。"③笔者所关注的，正是黄遵宪对这些食物的描写方式。在现代学者钱仲联关于黄遵宪诗歌的注释中，认为波罗即菠萝蜜，而对"天竺小团之茶"和"湩乳"没有具体说明。④"湩乳"估计是奶酪或酸

---

① ［清］黄遵宪：《黄遵宪集》（上），天津人民出版社 2003 年，第 183 页。
② ［清］薛福成：《出使四国日记》，湖南人民出版社 1981 年，第 69 页。
③ （美）田晓菲：《神游：早期中古时代与 19 世纪中国的行旅写作》，生活·读书·新知三联书店 2015 年，第 234 页。
④ ［清］黄遵宪：《人境庐诗草笺注》，钱仲联笺注，古典文学出版社 1957 年，第 188 页。

奶之类食物；关于"天竺小团之茶"，笔者多方查阅仍未能确证，小团茶在中国古已有之，或许黄遵宪以此来命名所见之印度茶。

图 2.2　1896 年，李鸿章乘坐马车，离开纽约华尔道夫大饭店。

晚清重臣中，与西方人打交道最多的恐怕是李鸿章。他与洋人打交道的经历，常被后世提起，甚至被过分渲染，成为坊间趣闻谈资。1896 年，74 岁的李鸿章被清廷派往俄国参加俄皇加冕典礼，之后一路访问德国、荷兰、比利时、法国、英国、美国等国家，目的都是为风雨飘摇的大清帝国四处补漏，这几乎是他一生最长的旅途。甲午海战失败，当时朝野对李鸿章批评颇多，但他的影响力依然巨大。正如初版于 1899 年、据当时西方媒体报道编撰成的《李鸿章历聘欧美记》一书序里所说："合肥之在中华也，勋名鼎盛，天下皆知。……今虽精力渐衰，不足以敌撮尔之日本；然胜败第兵家常事，微瑕不掩全瑜。"① 据梁启超传记：

"李之历聘也，各国待之有加礼，德人尤甚，世以为此行必将大购船炮枪弹，与夫种种通商之大利，皆于是乎在。及李之去，一无所购，欧人盖大失望云。李之至德也，访俾士麦，其至英也，访格兰斯顿，咸相见甚欢，皆19世纪世界之巨人也。八月，鸿章自美洲归国。"② 在被各怀鬼胎的欧洲各国款待过程中，自然少不了吃饭的环节。

离开俄国后，李鸿章访问德国，与德皇及俾斯麦相见，然后访问荷兰、比利时和法国。学者边芹考述过李鸿章在巴黎的细致行程与安排。7 月 13 日，李鸿章抵达巴黎北站，入住大名鼎鼎的大饭店（Le Grand Hotel）。此次欧洲之行，李鸿章不仅带了很多仆从，据说还带了活鸡。法国小报炒作说，李鸿章抵达首日的大菜，就是两只母鸡，因为不吃西餐，有三名厨师随行，还带了大米和茶叶。这三名厨师只给李鸿章做饭，凌晨三点，李鸿章的厨子就起床做饭，于是"大饭店"的厨师也得起来帮忙，还得提供几只活鸡、鲜鱼、鸭、一公斤鲜猪肉、猪油、蘑菇、小豌豆等，因为鸡要现宰现做，"活"很重要。其他使团成员吃的是"大饭店"厨师给他们预备的半中半法的饭菜。据八卦的法国记者报道："特使团的其他成员，其中大部分是年轻人，都很快欧化了，他们吃旅馆提供的饭菜，喝葡萄酒、红茶，甚至啤酒，津津有味。"

作为晚清洋务的主要推手之一，李鸿章是真不吃西餐，还是

① （美）林乐知、蔡尔康编译：《李鸿章历聘欧美记》，湖南人民出版社 1982 年，第 26 页。
② 梁启超：《李鸿章传》，百花文艺出版社 2008 年，第 97 页。

为了表明某种姿态？

7月16日晚，李鸿章一行应邀赴爱丽舍宫用晚餐。《高卢人报》当天刊发的"巴黎手记"这样报道："中国特使阁下昨晚与随行人员在爱丽舍宫用了晚餐。不过我在此说清楚了，李鸿章是'参加了晚宴'而没有用餐。这真是绝了！一家之主请来个有头有脸的人物吃饭，结果看着他席间一道菜不动，连甜食都不吃，总归是有点让人不高兴的。尤其招待的客人是天朝的特使，而发出邀请的是国家元首菲利克斯·富尔本人，情况就严重了。"7月17日中午，法国外交部长汉诺多邀请李鸿章等人在埃菲尔铁塔二楼用餐。午宴十二点半开席，不少媒体都登了这桌菜的菜单，传说是按照李鸿章的口味做的。确实，这些菜名听着实不怎么"法式"：第一道冷盘是直隶脆皮馅饼配西红柿、黄瓜。主菜有五道：埃菲尔铁塔特制箬鳎鱼脊肉、羔羊肉配中国米饭、天津式鲁昂乳鸭、合肥鹌鹑肉冻、安徽鳌虾金字塔等，甜点是巴黎冰淇淋。不过，李鸿章依然没动筷。同桌用餐的伊文医生后来对记者说，"李鸿章只在最后祝酒时沾湿了一下嘴唇"。[1] 李鸿章为何不吃主人招待的食物？《李鸿章历聘欧美记》的解释是："中堂每赴筵宴，不甚食主人肴馔。腹饥，则从者进自备之食品。盖皆西国良医所预定，以免积滞之患也。"[2] 此时，李鸿章已年过古稀，长途跋涉访问列国，这个从身体角度的解释不算勉强。

1896年8月29日，《纽约时报》刊发了一篇题为《李鸿章

---

① 边芹：《文明的变迁：巴黎1896·寻找李鸿章》，东方出版社2017年，第1、9、39-40、202-203、247-248、273页。
② （美）林乐知、蔡尔康编译：《李鸿章历聘欧美记》，前揭，第84页。

访问纽约记》的新闻特写，详细记录了李鸿章的访美日程：他抵达纽约后下榻于华尔道夫饭店。此行他带了十几个厨师、许多厨具，还有"很多从天津带来的奇特食物"。厨师长是一位"个头很高、年纪不详、表情木讷"的男人。李总督接见完当地侨界代表后回房休息，厨师长带领着厨师们立刻动手安装厨具，为总督准备晚餐。在美国的第一晚，他吃了燕窝、鱼翅、烤鸡、炒饭，还喝了一杯淡葡萄酒。当时，美国传闻李总督带着棺材一路旅行，《纽约时报》的记者专门就此求证，李总督的发言人"哈哈大笑"，否认说"这是一个编造的故事……他带的行李不超过两打箱子"。记者问："总督的身体怎样？"他的发言人这样回答："很好，他已经74岁了，当然必须注意他在一个陌生国家的饮食。他的医生只允许他在一天之内吃一顿西餐。我们总是坚持让他吃清国饭，吃少量清式风味的饭。我们之所以这样做，只因他年事已高，必须格外小心才是。"记者继续问："你称的适量饮食对一位清国的政治家意味着什么呢？"发言人说："是指鱼翅、燕窝、烤鸡和米饭，这也是今晚总督所吃的。他每顿饭几乎都这么吃，他的生活极为简单。……他只在饭后饮一点葡萄酒，是产于法国的红葡萄酒。"之后，李鸿章一行应邀访问加拿大，在"圣路易斯"号邮船上，厨师们在轮船的厨房大舱内进进出出，继续给他准备燕窝、鱼翅，他们凌晨两点起床准备，确保李总督八点能吃上早饭。晚上九点，厨师们也不能休息，因为总督一天要吃好几顿，时不时会要一些"热饭热菜"。①

---

① 郑曦原编：《帝国的回忆：〈纽约时报〉晚清观察记》，当代中国出版社2019年，

图 2.3　Bovril，一译为保卫尔，是 19 世纪末 20 世纪初风靡全球的牛肉精品牌，上图为保卫尔的广告。

　　看来，耄耋之年的李鸿章，吃什么，怎么吃，几乎都是从养生和健康的角度来决定。据四川总督刘秉璋之子刘声木记录，李鸿章"晚年颐养之品，只日服牛肉汁、蒲（葡）萄酒两项，然皆经西医考验，为泰西某某名厂所制成，终身服之，从不更易。牛肉汁需以温水冲服，热则无效，葡萄酒于每饭后服一小杯，以助消化。"[1] 翁同龢在 1890 年正月初五的日记中，这样写道："李相送牛肉精六小瓶，美国所制，食之补血。"[2] 看来李鸿章不仅自己长期服用，也积极推荐给其他人。曾任李鸿章幕僚的古文家吴汝纶也是牛肉精的拥趸，多次在日记中提及，"若能进牛肉精一匙，则其养血助力之功，足抵平人服牛肉七八两之用"[3]。可

　　第 270-288 页。

[1]　刘声木：《苌楚斋随笔续笔 三笔 四笔 五笔》（下册），中华书局 1998 年，第 931 页。

[2]　翁同龢：《翁同龢日记（第五册）》，翁万戈编，翁以钧校订，中西书局 2012 年，第 2390 页。

[3]　吴汝纶：《吴汝纶全集（三）》，施培毅、徐寿凯校点，黄山书社 2002 年，第 72-73 页。

见李鸿章的饮食基本以中式为主，每天"热饭热菜"、燕窝鱼翅，但也不完全排斥西洋食物，对法国葡萄酒和牛肉汁也"从善如流"。这种中西并蓄的饮食方式或许真起了些作用，李鸿章身体不错，当时许多外国人都称赞李总督的风采。

二、近代中国的西餐"事件"

相较上述晚清官员在外交场合和欧美的西方饮食经历与思考，国内和民间对西餐的接触、反应和接受更丰富多元。前一章里，我们梳理了各种外国人士在华的个体饮食体验，为了形成呼应，我们在这里也试图讲述从文人、官员，到各种民间人士的西餐经验与思考。

近代得风气之先的广州，这方面的记录最早也最多。早在乾隆年间，四川文人张问安（1757–1815）游岭南期间，曾赋诗记录外国人在十三行吃西餐的情形："名茶细细选头纲，好趁红花满载装。饱啖大餐齐脱帽，烟波回首十三行。"作者自注云："鬼子以脱帽为敬，宴客曰'大餐'，归国茶叶、红花以去。'十三行'，其聚凡十三所也。"① 道光年间，广州文人马光启在《岭南随笔》里，为"番鬼大餐"单独列了一节，曰："桌长一丈有余，以白花布覆之，羊豕等物全是烧燼，火腿前一日用水浸好，用火煎干，味颇鲜美，饭用鲜鸡杂熟米中煮，汁颇佳，点心凡四五种，皆极

---

① 潘超、丘良任、孙忠铨等编：《中华竹枝词全编》（6），北京出版社2007年，第288页。

松脆。"① 近人龙顾山人（1882-1946）《大餐与十三行》一文记载："同治中，杨子恂观察尝游羊城，有《纪事》诗云：'十里夷廛接海壖，繁灯如月夜如年。深杯劝酌红毛酒，行炙当筵自割鲜。'"② 也写广州十三行华洋杂处，吃西餐的情形。

与广州毗邻的香港，因较早地被英国人占领，西餐也随之兴起。因此而发生的一个历史事件，可被视为"西食东渐"过程中一个意外的必然。1856 年 10 月，英军以"亚罗号事件"为借口，派军舰开入内河，进攻珠江沿江炮台，炮轰广州城，这激起了中国人的愤慨。之后不久，一批出售给在港英国人的面包中被掺入大量砒霜。据著名香港历史学者刘蜀永的考述，大致情形如下：

据当时的报纸记载，邻近香港的地方，有告白禁止中国人前往香港或卖任何食物给外国人……

1857 年 1 月 15 日早晨，在香港的英国人餐桌上，几乎都发出了同样的惊叫："面包有毒！"这一事件中，大约四百名英国人程度不同地中了毒，其中包括香港总督包令的夫人。经过化验，发现面包里含有大量的砒霜。因为砒霜含量过大，引起吃面包的人呕吐，反而使他们保全了性命。

这些面包是由"裕盛办馆"供应的。店主张亚霖是广东香山人，原来专办外轮粮食。当时因大多数商人歇业，他

---

① ［清］关涵等：《岭南随笔（外五种）》，黄国声点校，广东人民出版社 2015 年，第 133 页。
② ［清］龙顾山人：《十朝诗乘》，卞孝萱、姚松点校，福建人民出版社 2000 年，第 649 页。

趁机大做外国人的生意，不仅包办了船上的伙食，还包办了全港英国人的伙食。出事当天，港英当局立即将"裕盛办馆"查封，拘捕了馆中的中国工人。但店主张亚霖因送父亲、妻子、儿女还乡，已于当日早晨乘船前往澳门。旅途中他的亲属因吃了他带去的面包，也都发生呕吐。这使他怀疑面包有毒，并要求船主尽快把船驶回香港。港英当局却怀疑张亚霖是畏罪潜逃，派遣专轮将他追捕归案。与张亚霖一起被捕的有51名中国人。他们之中的10人被指控为蓄意放毒谋杀的重犯，要判以死刑。其余42人连续20个昼夜被关押在面积十五平方米的窄小地洞里。

🐾…………

🐾审讯一连进行了三天，但因证据不足，陪审员终于以五比一的多数票，宣布下毒的罪名不能成立。但是为了缓和中毒的英国人的情绪，香港总督包令后来下令将张亚霖驱逐出境。[①]

这个事件引起国际轰动，论者纷纷，国外媒体多有报道。听闻此事后，恩格斯在《波斯与中国》一文里专门作出了评论：

🐾现在至少在南方各省（直到现在军事行动只限于这些省份之内），民众积极地而且是狂热地参加反对外国人的斗争。中国人极其镇静地按照预谋给香港欧洲人居住区的大量

---

① 刘蜀永：《香港历史杂谈》，河北人民出版社 1987 年，第 23-25 页。

面包里放了毒药（有些面包已送交李比希化验。他发现大量的砒霜毒液侵透了面包，这证明在和面时就已掺入砒霜。但是药量过大，竟使面包成了呕吐剂，因而失去了毒药的效力）。中国人暗带武器搭乘商船，而在中途杀死船员和欧洲乘客，夺取船只。中国人绑架和杀死他们所能遇到的每一个外国人。连乘轮船到外国去的苦力都好象事先约定好了，在每个放洋的轮船上起来骚动殴斗，夺取轮船，他们宁愿与船同沉海底或者在船上烧死，也不愿投降。①

　　这个事件或许可以侧面显示，当时香港的饮食大量由中国人生产供应，即便是面包这样的西式主食，也已经相当本土化。由此可以窥见珠江三角洲地区西餐产业的规模和民众的西餐接受程度。

　　除广州、香港等为中心的珠江三角洲之外，留下西餐经验记录最多的，无疑是上海及长江中下游城市。在《漫游随录》里，王韬记录了自己 1848 年初游上海、去外国朋友家做客时，尝到葡萄酒的欢喜，"味甘色红，不啻公瑾醇醪"。② 1872 年刊发在《申报》上的《沪北西人竹枝词》，展示了上海人吃西餐的热闹场面：

　　　　牛酥羊酪作常餐，卷饼包鲞日曝干。

　　　　留得中华佳客到，快教捧上水晶盘。

---

① （德）恩格斯：《波斯与中国》，《马克思恩格斯选集》（第二卷），人民出版社 1972 年，第 19 页。
② 转引自严昌洪：《西俗东渐记——中国近代社会风俗的演变》，湖南出版社 1991 年，第 75 页。

银刀锋利击鲜来，脯脍纷罗盛宴排。

传语新厨添大菜，当筵一割已推开。

筵排五味驾边齐，请客今朝用火鸡。

卑酒百壶斟不厌，鳞鳞五色泛玻璃。

贵官宴集礼文严，未许朋侪入画帘。

独有两行红粉女，长台端坐玉叉拈。

烧鸭烧猪味已兼，两旁侍者解酸盐。

只缘几盏葡萄酒，一饮千金也不嫌。

小饮旗亭醉不支，玉瓶倾倒酒波迟。

无端跳舞双携手，履舄居然一处飞。

璃杯互劝酒休辞，击鼓渊渊节凑迟。

入抱回身欢已极，八音筒里写相思。①

　　根据这首竹枝词，19世纪70年代的上海，"大菜"品种已经非常丰富。"牛酥羊酪"应该指的是牛羊奶做的奶酪，"卷饼包麰②"是各类面包，"银刀锋利"自然是银光闪闪的刀叉，桌上还有各色玻璃杯水晶盘，洋味十足。宴席上，不仅有烤鸭烤猪，还有烤火鸡，桌边按照西人的习惯，摆着调味瓶若干。饮品也很丰富，不仅有葡萄酒，还有酒精度更低、"百壶斟不厌"的啤酒（卑酒）。正餐结束，时髦人士们举起酒杯，微醺之时，音乐响起，客人们纷纷起身舞蹈。此时的上海已很有国际大都会的气息。葛

---

① 转引自陈平原、夏晓虹编注：《图像晚清》，百花文艺出版社2006年，第308页。
② 麰音同谋，意为大麦。

元煦 1876 年写成的《沪游杂记》，记录了租界洋场的奇观异景，其中的若干内容，与上述竹枝词可以成为呼应："外国酒店多在法租界。礼拜六午后、礼拜日西人沽饮，名目贵贱不一。或洋银三枚一瓶，或洋银一枚三瓶。店中如波斯藏，陈设晶莹，洋妇当炉，仿佛文君嗣响，亦西人取乐之一端云。""外国菜馆为西人宴会之所，开设外虹口等处，抛球打牌皆可随意为之。大餐必集数人，先期预定，每人洋银三枚。便食随时，不拘人数，每人洋银一枚。酒价皆另给。大餐食品多取专味，以烧羊肉、各色点心为佳，华人间亦往食焉。""夏令有嗬嘲水、柠檬水，系以机器贯水与气入瓶中。开时，其塞爆出，慎防弹中面目。随倒随饮，可解暑气。体虚人不宜常饮。"①葛氏的描绘，从地理位置、价格到种类都十分详实，非饕餮者不能。

清朝"中兴名臣"张之洞晚年，曾经历一件颇值一提的与西餐相关的"事故"。事情发生在他与留洋学生之间。张之洞非常推崇出国留学，在《劝学篇》里他曾专门讲留学的好处："出洋一年胜于读西书五年，此赵营平百闻不如一见之说也。入外国学堂一年胜于中国学堂三年，此孟子置之庄岳之说也。游学之益，幼童不如通人，庶僚不如亲贵，尝见古之游历者矣。晋文公在外十九年，遍历诸侯，归国而霸。赵武灵王微服游秦，归国而强。春秋战国最尚游学，贤如曾子、左丘明，才如吴起、乐羊子，皆以游学闻，其余策士、杂家不能悉举。后世英主、名臣如汉光武

① ［清］葛元煦著：《沪游杂记》，郑祖安标点，上海书店出版社 2009 年，第 120、121、158 页。

帝学于长安，昭烈周旋于郑康成陈元方，明孙承宗未达之先周历边塞，袁崇焕为京官之日潜到辽东，此往事明效也。请论今事。……不特此也，俄之前主大彼得愤彼国之不强，亲到英吉利荷兰两国船厂，为工役十余年，尽得其水师轮机驾驶之法，并学其各厂制造，归国之后，诸事丕变，今日遂为四海第一大国。"[①] 下面这件事情，也跟他对留学生的支持相关。1905 年，他召见一批赴日留学生，没想到与他们之间发生了礼仪冲突。当事人之一、留学生黄尊三（1880–1950）日记中记录了此事：

> 🕮四月十二日（5 月 15 日）……张香涛为两湖总督，有好士名，且多权术，时革命风潮颇盛，而两湖又为革命党之出产地，张为汉人，清慈禧后素器重之，故委以斯任。然恐终不可恃，特命端午樵抚湘以监视之。端于余等出发后，即电张督，请为照料。余等既至，张欲传见，使行跪拜礼，余等皆不愿，监督顾诚，遣送员马邻翼，劝说无效，张怒余等无礼，令不放行，不得已，暂居中学堂，静待解决。

为是否行跪拜之礼，留学生与张之洞僵持多日，满族官员端方从中调停无果。黄尊三在日记里记录了大家的抱怨，以及事情解决的过程：

> 🕮四月二十日（5 月 23 日）是日天阴雨，自十号由湘出

---

① ［清］张之洞：《劝学篇》，上海书店出版社 2002 年，第 38 页。

发，至今十天，为此无谓之事，阻滞中途，不能进行，光阴虚掷，未免可惜。中国大官，只顾一己虚荣，不知尊重他人人格，实属可鄙。以自命好士之张香涛，尚不免此辱人之行，他更无论，思至此又未免可慨。

🌿四月二十一日（5月24日）天阴雨，清晨，胡子靖来云，调停略有端倪，张宫保只要南生去见，亦不拘定行跪拜礼，即鞠躬亦可，并劝为光阴学业计，不必太固执己见，同人勉强应之，撑持许久之进见问题，至是可谓告一段落……

🌿四月二十三日（5月26日）是日绝早，督署派夏口厅以小轮来接，至炮台营，队伍森严，排列成阵。十时，藩臬道齐到，未几，张督亦到，随从之众，护卫之严，如临大敌。纷乱中，同人中有行鞠躬礼者，有长揖者，亦有立正者，礼毕入席，席为西餐，设炮台营之大厅上，中置横桌，两边长桌各一，张端坐正中，同人则坐两旁，席未半，张发言，余因距离稍远，不甚了了，唯闻于"爱惜身命造成学问"八字，反复珍重言之。席终，各赠《劝学录》一部，《志学歌》一本，约束及奖励留学生章程一部，《钦定学堂章程》一部。正午，军乐大作，席散，复派夏口厅送至金陵轮船。[1]

此事发展颇为有趣，它始于推崇留学的张之洞坚持要求学生行跪拜礼，最后以请学生吃西餐来解决双方矛盾。既以新式礼节新式观念见面，那干脆就以西餐招待这些留学生，这件事颇能见

---

[1]　黄尊三：《黄尊三日记》（上），凤凰出版社2019年，第4-6页。

张之洞的为人行事风格。今天已不易知晓他们那顿"西餐"到底吃了什么，但至少足见张之洞非常熟悉西洋日常生活方式。

北京和天津，也有许多普通人的西餐记忆。"自 19 世纪六十年代以来，尽管有不少中国人对西洋饮食好奇，但西餐馆并不便宜，因此这种西餐大酒店成为当时达官贵人讲排场的地方。当时北京有竹枝词云：'海外珍奇费客猜，两洋风味一家开。外朋座上无多少，红顶花翎日日来。'"[①] 许多中国饮馔行业，也致力于中西餐饮的融合。比如，天津广吉祥号在 1906 年 9 月 9 日的《大公报》上刊文推广按西法改良的传统月饼："本号不惜工本，置外国机器，聘请旁通泰西化学饼师，选上等洋面，精制各种面包、饼食、咸甜苏打、各式罐头、饼干，已蒙远近贵客光顾……今再改良，以西式饼之材料制造中秋月饼，不独适口，而且花样新奇，至于一切人物、花草，均用外国糖浆推凸，玲珑异常，食之既见爽心，观之更觉悦目。"[②]

《清稗类钞·饮食类》中已有"面包""布丁"等西餐饮食词条，其中对面包的介绍最能反映辛亥革命前后西餐在中国中上流社会的接受情况：

　　面包，欧美人普通之食品也。有黑白两种。白面包以小麦粉为之，黑面包以燕麦粉为之。其制法入水于麦粉，加

---

① 杨米人等：《清代北京竹枝词（十三种）》，路工编选，北京古籍出版社 1982 年，第 148 页。

② 转引自熊月之主编：《西制东渐：近代制度的嬗变》，长春出版社 2005 年，第 187 页。

酵母使之发酵，置于炉热之，待其膨胀则松如海绵，较之米饭，滋养料为富，黑者尤多，较之面饭，亦易于消化，国人亦能自制之，且有终年餐之不粒食者，如张菊生、朱志侯是也。[①]

　　《清稗类钞》初版于1917年，全书共48册，编撰者徐珂根据《宋稗类钞》的体例，将清朝的掌故遗闻分类编写，上起顺治，下达宣统。全书共九十二类，万余条，不仅涉及社会经济政治等方面的军国大事，也记录了民情风俗饮食之类的"小事"。这条记录表明，当时面包在中国许多大中城市已比较普及，普通白面包、健康黑面包都有，且"国人亦能自制之"。徐珂对面包的营养功效非常肯定，认为它比面条米饭更容易消化，难怪当时已经有中国人常年不吃饭，只吃面包了。

　　徐珂引以为例的张菊生，即张元济（1867-1959），号菊生，清末进士，近代著名出版家，曾任商务印书馆董事长，主持出版了大量书籍，于启发民智、传承文化居功甚伟。作为民国文化界的风云人物，张元济在日常生活中热衷西餐。在柳和城的著作中，对此有一段十分形象的描述：

　　　　据张元济哲嗣树年先生告诉笔者，当时住在苏州河南的长吉里，家里雇有一位西餐厨师，手艺颇高，招待客人常用西餐。每人一份，既节约，又卫生，边吃边谈，很是方便。大致第一道菜是蔬菜牛肉汤；第二道鱼，经常是煎黄鱼块；

---

① 　徐珂编撰：《清稗类钞》（第48册），商务印书馆1918年，第219页。

第三道虾仁面包，用虾仁剁碎，涂在面包上，下锅煎黄；然后上主菜，烤鸡或牛排，旁加二三样蔬菜。最后还有甜点、水果与咖啡。有些胃口大的同事却嫌量少，吃不饱，开始不好意思说，后来熬不住说肚子还饿。菊老听了哈哈大笑，说何不早讲，马上让厨房准备蛋炒饭。①

上述场景发生在1910年2月11日。既然张家雇有西餐大厨，徐珂在《清稗类钞》里把张元济作为只吃面包几乎不吃米饭的典型，就理所当然了。1933年11月10日，张元济写了《张氏奁目》——一张女儿的嫁妆清单，上面列着全套西餐餐具，包括"洋瓷西餐器皿全分计七十件、洋瓷茶杯十二套、洋瓷茶具全分计十五件、洋式餐具全分、银制小餐具全分"。②按照他们家的生活习惯，给女儿准备这样的嫁妆，也不足为奇了。

三、暗合"《周礼》食医之制"

由上文撷取的不同阶层、不同群体中国人接受西餐的过程可见，从外交官、清廷重臣、文化界人士到民间文人，大致都有一个从充满偏见、谨慎接受到异味争尝，甚至引以为时髦的转变，这也是近代中国人世界观和文化心态渐变的体现。这其中，可更为明显地看到，饮食作为一种文化载体的复杂性。

---

① 柳和城：《书里书外：张元济与现代中国出版》，上海交通大学出版社2017年，第433页。
② 汪耀华：《1843年开始的上海出版故事》，上海人民出版社2014年，第58页。

饮食既是每日必须面对的事情，就会生发相关刺激和思考。黄遵宪的上司，外交官薛福成在出国日记里，有较多关于西洋事物的考察，从科技、军事到制度等，这与初入西方的许多中国人相像。浏览晚清知识分子的各种作品，这方面的思考比比皆是。但薛福成关于西餐的认知过程，十分有代表性。他的态度有戏剧性的变化。在1892年8月17日的日记里，如此比较中西餐："中国宴席，山珍海错，无品不罗，干湿酸盐，无味不调。外洋惟偏于煎熬一法，又摈海菜而不知用。是饮食一端，洋不如华矣。"①但在两年之后，随着对西方认识的深入，他的观念发生变化："西俗于养身之道，无论贫穷贵贱，皆较华人为讲究。凡稍有身家者，每膳必食兼味，必有牛肉，有洋酒一二品。食毕，有水果，有加非，有雪茄烟；早晚必饮牛奶或牛肉汤……虽工人仆御之流，每七日亦必食牛肉一二次，否则谓无以养生也。"②

　　从养生的角度来看西餐，一方面比较符合中国人的饮食观念，事实上，从近代开始，许多中国人都赞美过西餐的营养合理性。另一方面，赞美"番夷"饮食合乎养生，无疑也折射出中国官僚精英阶层自我认知的变化。

　　面对西餐在沿海都市的流行，民间知识分子的思考和感慨，也颇有值得深思处。比如上海人孙宝暄曾在光绪二十三年（1897年）的日记中这样写道："西人饮食最不苟，常以养身为主，与中国《周礼》食医之制暗合焉。西人每食以大盘，多牛、羊、鱼、

---

① ［清］薛福成：《薛福成日记》（下卷），蔡少卿整理，吉林文史出版社2004年，第737页。
② ［清］薛福成：《出使英法义比四国日记》，岳麓书社1985年，第771页。

鸭，而旁置芋、菽等物，殆即《周礼》牛宜秾，羊宜黍，豕宜稷，犬宜粱，雁宜麦，鱼宜菰之意。吾疑古人设食状与西人同。《周礼》又云：凡食齐眡春时，羹齐眡夏时，酱齐眡秋时，饮齐眡冬时。注云：饭宜温，羹宜热，酱宜凉，饮宜寒。中国近人饮酒多温热，惟西人饮冷酒，且饮澄清之水亦冷者，颇合古意。"① 表面看起来，这似乎是晚清许多知识分子的思路：凡西洋优异的事物，中国古已有之；但是，这何尝不是旧上海新兴市民阶层为自己热衷"洋派"饮食作的辩护呢？如果以中性的态度来看"崇洋媚外"一词，那么饮食领域的"崇洋媚外"，可以视为晚清社会生活中最熟视无睹却生生不息的部分。

---

① 孙宝暄：《忘山庐日记》，上海古籍出版社 1983 年，第 83 页。

第三章

近代沿海城市的西餐景观

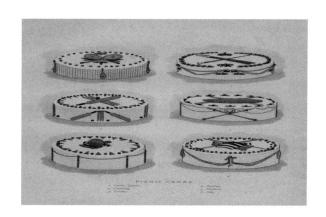

一、广州西餐馆小史

二、近代上海西餐馆的兴起

三、天津近代西餐馆概况

四、西餐馆的象征意义

在前面两章里，我们分别以一些典型历史人物的事迹或日常生活方面的历史文献，介绍了近代西方人在中国的餐饮记录，以及近代中国人遭遇西餐的情形。从达官贵人、传教士、文人知识分子到普通市民，中西方人们在餐饮习俗上的彼此遭遇，以及由此引发的冲突、误解与好奇、欣赏，在历史长河中泥沙俱下。

空间上，欧美传教士、殖民者和各类人士在中国的分布，主要从珠江三角洲逐步往北到渤海湾，然后再从沿海城市渗透入内地沿江城市。中国人在这些地区留下的西餐记录也最多。当然，肯定也有从内陆边疆进入的情形。中西餐饮的相遇、融合，最具体的结果之一，就是西餐馆的诞生。鸦片战争之后，尤其是太平天国战争之后，自渤海往南，到珠江三角洲的沿海城市，成为一个向世界敞开的最大区域。这些城市，也是近代西餐文化和西餐馆的主要诞生地。

这些城市中有关近代西餐行业的历史事件、日常生活状况，是我们理解近代"西食东渐"以及西食汉译不可缺少的历史背景。在本章里，笔者试图借相关文献与已有的研究成果，以广州、上海、天津等为例，勾勒出一幅近代中国城市西餐分布的草图。

一、广州西餐馆小史

地处南中国海滨的广州，很早就是东亚大陆与其他地区经济文化相通的重要窗口。1982 年，广州出土了西汉初年南越王国第二代王赵眜的陵墓，其中发现有波斯风格圆形银盒、两河流域工艺制作的金花泡饰、非洲原支象牙、镂孔熏炉、乳香等。① 据《史记·货殖列传》记载，番禺（广州古称）的集市上，可以买到"珠玑、犀、玳瑁、果、布之凑"。这些信息表明，广州很早就是一个国际性的港口城市。宋代，中国航海技术已非常发达，宋神宗熙宁十年（1077 年），设立广州、明州（宁波）和杭州三大市舶司，将海外贸易集中于广州一口，规定"凡泉人贾海外者，往复必使东诣广（广州），否则末其赍"。宋神宗元丰三年（1080 年），政府颁布了第一个规范海外贸易的立法——《广州市舶条》，足以说明广州外贸地位的独特。至明代，中国和西方大规模航海探索先后兴起，海上丝绸之路不断发展，被称为"天子南库"的广州也更加繁华。

康熙二年（1663 年），清廷实行海禁，但荷兰因助剿郑成功而获得清政府的贸易许可。其他欧洲国家、东南亚各地争相借势参与。由于贸易量不断增大，康熙二十四年（1685 年），在澳门、漳州、宁波、（连云港）云台山设置粤海关、闽海关、浙海关、江海关。其中粤海关交易最活跃。海关对外国人限制比较多。在粤海关，外商不能随意进广州城，不能向中国商人放贷资金，不

---

① 李庆新：《广州是海上丝绸之路重要发祥地》，《南方日报》，2014 年 1 月 1 日。

能雇佣中国仆人，甚至不能在广州过冬或坐轿子。尽管有这些限制条令，荷兰、英国、美国等国家依然先后在珠江边自建商馆。每个商馆占地21英亩，年租金600两白银，这是在中国土地上最早的欧美建筑群。华商若要与外商交易，同样需要政府发放的牌照。第一批拿到牌照、被特许从事洋货交易的商行一共有13家，他们是政府与外商中间的纽带，被称为"十三行"。在18世纪中叶以前，行商主要做小规模船运生意，他们活动范围很广，从广东福建到南洋瑞典。十三行的迅速发展，体现在清初"岭南三大家"诗人之一屈大均（1630–1696）的《广州竹枝词》里："洋船争出是官商，十字门开向二洋。五丝八丝广缎好，银钱堆满十三行。"[①]

1755年发生洪任辉事件，直接导致两年后回到"一口通商"，即康熙年间的四大海关中，只剩粤海关对外开放。洪任辉（James Flint）为英国商人，曾在东印度公司担任翻译一职，他是英国东印度公司成立一百三十六年以来的第一位中文翻译，也是英国的第一个中文翻译。洪氏引领的商船在宁波港的贸易受阻后，洪不顾朝廷禁令，向乾隆皇帝告御状。但状告不仅未遂洪氏之意，反而导致他被关三年大狱。状纸中有一条涉及西餐饮食：宁波港要对番商随身携带的日用酒食器物征收高额税，包括"洋酒、面头、干牛奶油、番蜜饯"等夷商食物，"使各船不敢多备粮食。"1757年，乾隆下令"一口通商"，所有中外贸易归口于广州。广州的贸易，又责成一直从事洋货交易的十三行具体办理。十三行从此更居于

---

① 梁嘉彬：《广东十三行考》，广东人民出版社1999年，第67-68页。

外贸垄断地位。正如此时期李调元（1734—1803）在《南海竹枝词》中所写："希珍大半出西洋，番舶归时亦置装；新到牛郎云光缎，边钱堆满十三行。"① 英国人威廉·希基（William Hickey）1769年8月来到广州，见识了珠江畔与商行相关的各国商馆。据他回忆，人们一般会在自己的房间里用早饭，下午两点到五点，大家齐聚大厅，共进午餐。午餐是一场盛会，菜式丰富，还有红葡萄酒、马德拉白葡萄酒、蹄膀肉。下午七点左右，大厅还会提供茶水喝咖啡。东印度公司的成员们，几乎把伦敦西区上流社会的绅士生活场景搬到了珠江畔的英国商馆内。②

以十三行为中心，中西文化在广州产生了各种碰撞。

"十三行"同文行的创始人潘启官在做洋行生意以前，曾三度南下菲律宾做生意。他粗通外语，也了解国际贸易中的基本礼仪。创办洋行后，他常为外国商人与船长举办宴会。宴会往往分两场，一为西式宴席，潘启官为在场的每位中外宾客准备刀叉，晚上有中国戏剧助兴。二为中式宴请，大家都用筷子，晚上宾客们在主人家的花园里欣赏烟火、杂耍和魔术表演。③ 因生意需要，广州大部分行商都像潘启官一样，熟知西方基本礼节，与外国商人关系良好。中和行的老板潘文涛，学会了打西式纸牌，在洋人圈里成了名人。④ 曾任广州英国商馆总负责人（chief of the British

---

① 同上，第95、22-36、4页。

② （英）孔佩特：《广州十三行：中国外销画中的外商（1700-1900）》，于毅颖译，商务印书馆2014年，第35页-37页。

③ Peter Quennell(ed.), The Prodigal Rake: Memoirs of William Hickey, New York: E.P.Dutton&Co., 1962, p.143.

④ （美）范发迪：《知识帝国：清代在华的英国博物学家》，袁剑译，中国人民大学

Factory in China）的 J.T. Elphinstone，在给朋友的信中提到一位叫潘有度的中国人，赞扬他精明能干，比起和他做生意，自己更喜欢和他一起吃饭。[①]

图 3.1 外销画中的广州十三行。清朝中后期，应商业需求，十三行地区出现了一批模仿西方绘画技法风格的职业画家，其作品远销海外，被称为外销画。

在美国人交往的所有行商中，伍秉鉴最受敬重，外国人多称其为"浩官"（Howqua）。他身形消瘦，面容和善，处事温和，被很多人认为可靠精明，值得信赖。这种信赖非同一般，因为行商和美国代理人之间并无书面合同，大家都以口头约定，浩官的话就是信心和保证。浩官对所交往的美国人非常慷慨，当然，他

出版社 2018 年，第 35-36 页。

① Robert Morrison, Memoirs of the life and labours Robert Morrison, volume 1, London: Longman, Orme, Brown, Green and Longmans, 1839, p.468.

也从这种交往中获利极大。据估计，19世纪30年代中期，他的财富已达到2600万美元。早在1828年，他已通过几个信任的美国人，开始在美投资。[1]伍秉鉴和美国商人华伦·德兰诺（Warren Delano Jr.）关系尤为密切，德兰诺在广州期间通过贩卖鸦片攫取大量财富，他也是美国总统罗斯福（Franklin Delano Roosevelt）的外祖父。19世纪40年代，德兰诺即将回国，作为怡和行老板，伍秉鉴大摆宴席为他饯行。根据德兰诺弟弟的记录，他在家举办的奢华中式宴席，持续了13个小时，上了15道菜，包括燕窝羹、鱼翅、鸽子蛋、鲟鱼唇等。1842年，伍秉鉴的儿子也曾为外国朋友举办了一次有30道菜的豪华宴会。[2]伍秉鉴曾被《华尔街日报》亚洲版评为"近千年世界最富有五十人"之一。

英国人在广东不断增加的鸦片贸易，渐渐引起清政府的警觉。1839年3月10日，钦差大臣林则徐抵达广州，他不仅连续向当地民众发布数封告示，还把目标对准了行商和外国人，在给他们的谕令中痛斥对方忘恩负义："外夷若不得此，即无以为命……恩莫大焉。尔等感恩即需畏法，利己不可害人，何得将尔国不食之鸦片烟带来内地，骗人财而害人命乎！"他甚至威胁说，"倘若夷不知改悔，唯利是图，非但水陆官兵军威壮盛，即号召民间丁壮，已足治其命而有余。"[3]面对如此突变，洋商们起初不以为意。

---

① （美）埃里克·杰·多林：《美国和中国最初的相遇：航海时代奇异的中美关系史》，前揭，第171-174页。

② （美）雅克·当斯：《黄金圈住地——广州的美国商人群体与美国对华政策的形成，1784-1844》，周湘、江滢河译，广东人民出版社2015年，第97页。

③ 林则徐全集编辑委员会编：《林则徐全集》（第5册），海峡文艺出版社2002年，第116页。

虽有浩官等行商从中调停，但部分洋商还是被套上锁链，甚至浩官的儿子也受牵连，一同被捕入狱。直到英国议会任命的驻华商务总监义律（Charles Elliot）抵达广州，事情才有转机。林则徐密令撤走在商馆工作的 800 多名中国人，封锁商馆出口。义律面对如此僵局只得妥协，在没和商人们商量的情况下，即向林承诺六周内交出 20283 箱英国鸦片，总价值约一千万美元。同时，他向英国商人们保证政府会赔偿这些损失。由于清军是突然包围商馆，洋商们没有时间做食物储备，却有一些行商秘密派仆人送食物给他们。伍秉鉴与美国人关系特别好，就遣人给他们送吃的。据说"外国人在几个星期的围困之中，由于吃得过饱、缺乏活动受的罪，比由于缺乏生活必需品所受的罪更多"。①

1842 年签订《南京条约》，清政府增设了宁波、厦门、福州、上海四大通商口岸。乾隆年间开始的"一口通商"，变为五口通商，更多欧美人来到中国。19 世纪 60 年代，广州已经发展得相当不错，1867 年伦敦出版的 The Treaty Ports of China and Japan，已将广州称为"中国所有城市中最富有、建筑得最好，而且最干净的城市。"②

这时期的广州，已经有国际化的商业供应系统，其中包括丰富的餐饮供给。1805 年，俄国船只"希望号"和"涅瓦号"进入广州，他们需要在这里为他们的环球航行补给，通过买办，他们

---

① （美）埃里克·杰·多林：《美国和中国最初的相遇：航海时代奇异的中美关系史》，前揭，第 217-221 页。

② N.B.Dennys, The Treaty Ports of China and Japan:a complete guide to the open ports of those countries, together with Peking,Yedo, Hongkong and Macao. London:Trubner and co. 1867, p.116.

高价买到了熏火腿、奶油、小麦面包、咖啡等各种西餐食物。[1]1832年8月25日的《中国快报》刊登："宝顺行5号提供上好的姜汁啤酒的广告。"同样在19世纪30年代，前东印度公司管事罗伯特·爱德华在广州的美洲行内开了一家"欧洲大货栈和旅馆"，出售物品中包括约克郡火腿、霍奇逊桶装淡色麦酒、巴克莱黑啤、腌舌头、达拉谟（Durham）芥末等食物。[2]尽管后起的美国商行不如英国商行财力雄厚，但他们这时期的餐饮也很丰富，啤酒、红酒和烈性酒的消耗量十分惊人。[3]

一幅名为《从丹麦行眺望河南岛景色》的油画，曾描绘过商行盛况：画家大概是站在丹麦行二楼的窗户向下眺望而作，画的左边是停满了密密麻麻小船的珠江，右边是十三行高高低低的小楼，画面正中，小楼面向珠江的方面圈着一块小牧场，里面有两头山羊、四头绵羊、两只鸡和一头奶牛。这些动物对外国人很重要，毕竟"丰盛的早餐——配菜自然少不了羊奶和奶酪。"[4]

虽然彼此相互影响，但当时华洋之间的生活方式依旧悬殊。历史学家雅克·当斯这样描述生活在广州的美国人：他们的活动范围被限制在江边的郊区，自己在商行内过着奢华的生活，商行周围却是一片贫困，每天都和最底层的中国人打交道，因此，他

---

[1] 伍宇星编译：《19世纪俄国人笔下的广州》，大象出版社2011年，第39页。

[2] （英）孔佩特：《广州十三行：中国外销画中的外商（1700-1900）》，前揭，第122-123页。

[3] 转引自（美）雅克·当斯：《黄金圈住地——广州的美国商人群体与美国对华政策的形成，1784-1844》，前揭，第26页。

[4] （英）孔佩特：《广州十三行：中国外销画中的外商（1700-1900）》，前揭，第130页-132页。

们对中国的看法很片面。[①] 清政府并不希望、甚至禁止生活在广州的外国人和中国人接触，他们之间实际接触确实也不太多。因此，广州老百姓不待见外国人也在情理之中。1793 年，据马戛尔尼使团的主计员巴罗回忆，他们一越过梅岭山顶进入广东省后，马上就能察觉到居民态度大不一样。此前使团受到各地的礼遇，但到了广州，甚至农民都在他们路过时从屋里跑出来，跟在后面大喊"鬼子""番鬼"。[②] 由此推断，许多人的回忆有片面性。比如在美国海军任职的威廉·罗斯切贝格医生（William Ruschenberger）1836 年到广州，他十分喜欢中餐，认为这是美食的新大陆，比如"著名的中国阉鸡和美味的好望角肥绵羊"，鸟肉汤、果冻、鱼翅、海参、海藻、生姜、橘子和竹笋都是他的心头爱，"如果可以从美食判断一个国家的多元性，那么中国恐怕是全球最多元化的国家。"[③] 这显然只是对当时中国上层社会饮食结构的描述。

无论如何，随着以十三行为中心的中西碰撞交流不断增多、深入，西餐开始进入广州民间。据蒋建国的研究，早在"咸丰年间，一些曾经在外国商馆做过厨师的广州人，因迫于生计，便在广州街头叫卖煎牛扒，后来慢慢有人开了个体小店，如太平馆、海记、高记、一趣楼、东园等。这些餐馆对西餐的经营有一定讲究，对偏爱西餐的人士有较大吸引力。但是由于餐馆一般经营牛奶、奶茶、多士面包和少量肉食，品种不太多，高级西餐的消费

① Jacques M. Downs, Fair Game: Exploitive Role-Myths and the American Opium Trade, in Pacific Historic Review, (1972) 41 (2): 133–149.
② （英）乔治·马戛尔尼、约翰·巴罗：《马戛尔尼使团使华观感》，前揭，第 466 页。
③ （英）孔佩特：《广州十三行：中国外销画中的外商（1700-1900）》，前揭，第 121 页。

较为少见，如果顾客要想用较多品种的西餐，必须预定。"① 广州著名的西餐店太平馆初创于1860年，创始人为徐老高，因为地点设在太平沙，所以称太平馆，这是广州的第一家西餐店。徐老高出生时正值鸦片战争，那时广州的沙面岛洋行林立，他就在其中的一家洋行做厨工。外国老板比较严苛，稍不顺心就开口责备。徐老高性格耿直，终于因为顶撞被逐，转做小贩。他挑起担子，做起牛扒生意，随街叫卖。因为价钱便宜，一两毫子可以品尝，所以广州人在街头可以吃起"西餐"。他的手艺好，医生、学者以至官员都争相购买，后发展成为著名的西餐店。作为广州著名的老字号，太平馆所经营的传统名牌西菜，如红烧乳鸽、德国咸猪手等招牌菜，至今在广州仍然有一定影响。② 其他许多酒楼也纷纷调整经营方式，将酒楼改造为中西餐结合或者专营西餐，推出西餐品种，以适应消费者的需求。如岭南酒楼可以"烹调各式西菜，美味无双，并巧制西饼，一切便来往小酌"。西餐的价格，到了清末，也不是很贵，如岭南酒楼标识光绪三十一年（1905年）七月八日的西餐价格："全餐收银五毫，大餐收银壹元。"③ 比起每碗高达60元的鱼翅来，吃一顿西餐，算是比较便宜了。④ 值得注意的是，清末香港、澳门的一些经营西餐的酒楼也在广州的报纸上经常刊登广告，如澳门日照酒楼在《广州白话报》上告

---

① 蒋建国：《广州消费文化与社会变迁（1800-1911）》，广东人民出版社2006年，第240页。
② 会芳园广告，《唯一趣报有所谓》，1905年6月4日。
③ 岭南第一楼改良食品广告，《游艺报》，光绪三十一年（1905）七月八日。
④ 蒋建国：《广州消费文化与社会变迁（1800-1911）》，前揭，第240-241页。

白："大小西餐，脍炙人口，中西人士，均赞不谬。"①澳门天香酒楼对西餐流行的原因进行了分析，认为"人情厌旧，世界维新，铺陈可尚洋装，饮食亦与西式，盖由唐餐具食惯，异味想尝，故此西餐盛行。"②19世纪末，广东西餐丰富到足以接待最高级别的外宾了。一个著名的例子是，1891年4月初，俄国尼古拉二世一行乘船经香港来到广州。为了迎接俄国王储，李鸿章的兄长李瀚章不仅特地到码头迎接，还举办了一个盛大的宴席来招待俄国王室一行人。"皇室旅行者伴着'亚速号'乐队的音乐声在两广总督一个专门的幔帐里（对着花园）用餐"，李瀚章不仅准备了丰盛的"本地佳肴"，还有一半菜肴是按照欧洲口味做的，"除了刀、叉、勺也给我们摆了象牙筷子"。不过，俄国人似乎对广州菜肴很感兴趣，"富有的中国人天生是世界上最讲究的美食家和最殷勤的主人。说到吃的，广州的食肆卖猫头鹰和蜥蜴（有助于病人康复）、马肉和水蛇、风干的老鼠（有益于头发生长和耳聪）、猫和专门养肥的狗"。"富裕人家餐桌上的水果来自波斯湾、巽他群岛、印度和暹罗。"③

二、近代上海西餐馆的兴起

1080年，当中国首部海外贸易法在广州颁布时，上海还只是一片茅草丛生的滩涂。1113年，宋徽宗在上海松江设立秀州华亭

---

① 澳门日照酒楼广告，《广东白话报》，1907年第2期。
② 澳门日照酒楼广告，《广东白话报》，1907年第7期。
③ 伍宇星编译：《19世纪俄国人笔下的广州》，前揭，第232页。

市舶司，这是上海的第一个海关机构。南宋时期，秀州华亭是八大市舶司之一。1683 年开始，康熙取消"市舶司"制度，设江、浙、闽、粤四大海关负责海外贸易。江海关最初建在江苏连云港，后移至上海松江。上海的地位日趋显要，虽不能与广州相媲美，但也不再是"区区草县"，而是"江海之通津，东南之都会"。①

到 18 世纪末，上海已经成为长江三角洲的重要城市。上海的重要性最初被西方殖民者发现，有一定偶然性。1832 年 2 月26 日黎明，一艘帆船从澳门出发。船上装着毛呢等西洋货物，看起来是一艘从印度出发开往日本的迷航船只。其实，这是一艘由英国东印度公司广州办事处派出的间谍船。船上有两位核心人物，一位是东印度公司的高级职员，冒充船长，化名"胡夏米"的林德赛（Hugh Hamilton Lindsay）；另一位是充当翻译、化名"甲利"的德国人，原名 Karl Friedrick August Gutzlaff，中文被译为郭实腊、郭甲利、郭士立等。② 这位普鲁士青年是一位宗教狂徒，为实现在中国传教的理想，他四处拜师学习，能流利使用汉语和闽粤方言。为取得中国人的认可，他甚至以名字中的译音"郭"为姓氏，在南洋加入福建同安郭氏宗亲会。这位以传播福音为毕生事业的传教士和中国通，不久后通过协助英国走私鸦片，获得丰厚报酬。他在航行日志里如此记录："我们希望沿海贸易有助于传播耶稣基督的福音，届时需要数以百万计的《圣经》教义手册，以满足人们的需求……怀抱对主的信心，我们期盼万众归主的光

① 卞君君：《上海滩 1843》，浙江大学出版社 2013 年，第 41 页。
② 吕澍、王维江：《上海的德国文化地图》，上海锦绣文章出版社 2011 年，第 8 页。

辉之日。"这艘名为"阿美士德号"的轮船所载的使团,并没有成功地完成任务,却收集到了想要的情报。他们发现,黄浦江上"一周之内就有400只船只进入上海县城",还包括台湾、广东、越南、泰国、琉球等地的船只。郭士立在他的《中国沿海三次航行日志》中,根据进出港400艘帆船推断,"上海是最大的商业中心","尤其是中国中部诸省的大门","这一地区在对外贸易方面所拥有的特殊优越性,过去竟然未曾引起相当的注意,是十分令人奇怪的"。林德赛在《"阿美士德"号货船来华航行报告》中称:"上海事实上已成为长江的入海口和东亚主要的商业中心,它的国内贸易远在广州之上。"据说,林德赛不止一次对随行人员感叹:"简直不可思议,像上海这样重要的地方,以前怎么就没被注意呢?"①

根据《南京条约》,1843年11月7日,上海正式开埠。11月8日,被英国政府任命的第一任驻上海领事巴富尔(George Balfour)和他的随员搭乘"麦都萨号"抵达上海。巴富尔原为英印军队的一名上尉。鸦片战争期间,他随英方代表璞鼎查(Henry Pottinger)征战,深得其赏识。因此,签署《南京条约》后不久,三十四岁的巴富尔被提名为首任英国驻上海领事。雄心勃勃的巴富尔,一心帮助英国商人在上海租地造房子,扫除英国商人的贸易障碍。从巴富尔开始,各国的沪租界一步步成型。1845年,英租界成立;1848年和1849年,美租界和法租界相继辟设。1863年,英美租界合并;1899年,英美租界改成上海国际公共租界。

租界是中国沦为半殖民地社会的象征,也是西餐饮食在中国

---

① 卞君君:《上海滩1843》,前揭,第83-84、30-36页。

落地生根的沃土。1854 年 7 月 8 日，为维护租界的治安和建设，英、美、法三国领事签署《上海英法美租界租地章程》；7 月 11 日，在清政府的批准下，成立上海工部局，英文名为 Shanghai Municipal Council，即上海市政委员会。从功能而言，这是一个洋商的自治机构，制定城市管理法规，对租界居民收税、每年向中国地方政府纳税。随着租界面积不断扩大，人口迅速增长，日常生活配备也日渐完善，西方饮食开始成为上海租界日常生活的一部分。因此，我们可以通过工部局的记录来推想此时的西餐供给情况。比如，西方侨民习惯以牛羊肉为主，新建不久的工部局就对市场上的肉类产品进行定期卫生检查。1868 年，工部局正式任命了一名专职肉类稽查员，负责每天检查菜场、肉店里的各种肉类产品。至 1870 年，公共租界内有 4 家外国人开设的肉店，14 家中国人开设的肉店，三家菜场。外国侨民光顾最多的是位于金隆街弄堂里的"史密斯菜场"，到 20 世纪初，公共租界内已有 7 个大型公共菜场。除了肉类食品，各种乳制品在西方人的日常饮食生活中非常重要。1882 年爆发牛瘟，此后工部局对租界内 21 家华人牛奶场进行两周一次的检查。工部局规定：牛奶棚的奶牛必须打上标记，牛棚必须光线充足、通风良好，粪坑至少每天清理一次，等等。20 世纪初，工部局就食品经营场所颁布了十余种执照条款，包括《外国食物店》《中国食物店》《饮食摊点》《私人菜场》等等。[①]

早期租界里已出现零星的酒吧，后来经过执照管理和规范经

---

① 马长林：《上海的租界》，天津教育出版社 2009 年，第 113-116 页。

营，中西式餐饮业逐渐成规模。对此有个旁证，1852 年，当时任职于俄国财政部的作家冈察洛夫随海军舰队出游各国，1858 年他完成这次出游的游记《巴拉达号三桅战舰》。冈察洛夫一行人到了上海时，住的或是英式饭店，"面前是按照英国方式摆满菜肴的餐桌"。他还享用了典型的英式早餐："餐厅里摆满了一大张桌子，足够二十人吃的。有的人面前摆着一大块热气腾腾的煎牛里脊，另外的人面前是火腿煎蛋。还有小灌肠、炸羊肉。最后才是茶。英国人称这是早餐。"作为俄国人，冈察洛夫并不欣赏英式菜肴，尤其无法理解英国人对红茶的口味，看不惯他们"用烧白菜的办法煮茶。"他觉得上海许多餐饮物资都是欧洲运来的："他们这里没有牛油，欧洲人吃的牛油要从英国运来，到了上海已经不新鲜了。中国人有时食用猪油。"但相关货物已经很丰富，美国福格洋行的"店里货物一应俱全：成衣、器皿、衣料、酒、奶酪、鲱鱼、雪茄、瓷器、银制品。"①

18 世纪下半叶，由于英租界男性人数众多，英国商人把伦敦的俱乐部搬到了上海，俱乐部成了大家消磨时间的重要场所。1864 年，上海总会（Shanghai Club，又称英国总会）在外滩开业，这是当时最高级的俱乐部。出入俱乐部的非富即贵，据说英国立顿红茶公司的创始人托马斯·立顿 (Thomas Lipton) 在上海旅游时，曾想进去参观而被拒之门外，因为他的身份只是一个超市老板。俱乐部里有酒吧、餐厅、球室等设施。1911 年建成的位于外滩 3

---

① （俄）伊·冈察洛夫：《巴拉达号三桅战舰》，叶予译，黑龙江人民出版社 1982 年，第 437、440、447-448 页。

号的俱乐部新楼，餐饮设施完备，地下室有牡蛎酒吧间、葡萄酒储藏室，一楼有大餐厅。[①]法、德、苏格兰、爱尔兰等国也相继建了自己的俱乐部，此后，各行业人员的专门俱乐部纷纷成立。[②]这个时期，上海各种大饭店先后建成，这些饭店也是近现代中国西餐的重要起源地。19世纪80年代起，上海的俄国总会开始供应俄国菜。[③]至19世纪末，仅在上海，不仅有西餐馆、面包房，还有英国商人开设的奶牛场，各种西餐常用蔬菜也被引进上海，在上海北郊，出现了西人菜园。[④]

图 3.2 上海"一品香"西餐馆，创办于19世纪80年代，是沪上著名的西餐馆老字号，后兼营旅社。

① 项慧芳：《上海英租界寻旧》，人民文学出版社 2018 年，第 61-63 页。
② （法）白吉尔：《上海史：走向现代之路》，王菊、赵念国译，上海社会科学院出版社 2014 年，第 68-69 页。
③ 张绪谔：《乱世风华：20 世纪 40 年代上海生活与娱乐的回忆》，上海人民出版社 2009 年，第 51 页。
④ 熊月之：《异质文化交织下的上海都市生活》，上海辞书出版社 2008 年，第 184 页。

据《上海通史》梳理，上海西餐馆发展历程大致如下：

明万历三十六年（1608 年），意大利传教士郭居静到沪传教，以西方食品饷信徒。上海开埠后，英、法、美、俄等国总会设餐厅、酒吧、茶室，供应本国菜肴。清道光三十年（1850 年），抛球场（今南京东路河南路口）附近出现西式酒店和餐馆。咸丰十年（1860 年），美商在外白渡桥堍开设礼查饭店（今浦江饭店）。同治七年（1868 年），在徐家汇开设亨白花西菜馆。光绪元年（1875 年），在今南京东路外滩开设汇中饭店。光绪九年，南京路、宁波路、四川路、江西路、汉口路近外滩路段开设一批专供快餐的西餐馆，有水上饭店、麦赛儿饭店、沙利文等。中国人食西餐者日众。在外轮、洋行当过厨工的中国人开设迎合中国人口味的改良西餐馆，称番菜馆，有杏花楼、同香楼、一品香、一家春、绮红楼、申园等。1918 年，卡尔登、孟海登、客利、南洋、中央、派利、远东、太平洋、亨生、美生、来兴等番菜馆开业，上海共有 33 家。1917 年俄国十月革命后，白俄在霞飞路（今淮海中路）开设俄式菜馆，规模均不大，至 20 年代后期有40 余家。1925 年，上海有番菜馆 41 家。1931 年 7 月，成立西菜业同业公会，国际、沙逊、都城、百老汇等 10 余家大饭店开业，全市有西餐馆 150 余家。[1]

---

① http://www.shtong.gov.cn/dfz_web/DFZ/Info?idnode=79408&tableName=userob
ject1a&id=104453.

而据不同年代的《上海指南》记录，1912年，南京路上仅有两家卖罐头和洋酒的商店，还没有咖啡店、卖外国食物的餐馆，1922年，仅仅在南京路上，就开了两家咖啡店、两家西餐馆[①]。这些西餐馆也跟许多历史人物和历史事件相关，比如1913年6月15日，章炳麟大婚，结婚仪式在哈同花园举行，喜宴就在"一品香"。1920年，著名英国哲学家罗素访问上海，也在"一品香"食宿。[②]

与广州和其他地区相比，上海对西方的接受方式有自己的特点。在广州十三行时期，和洋人打交道最多的是行商；在上海，与外国人交往最多的大概是买办了。他们接受了一种"半西化"的生活方式，既向西方看齐，又保持传统礼教。比如，女子不上学堂、裹小脚，但她们身着传统服装在放着烛台的餐桌上用刀叉吃饭。[③]19世纪八九十年代的北京，模仿外国人的生活习俗，常会被士大夫嗤之以鼻，而上海的外语学习班几乎和当铺数量相当。原因是多方面的。其中重要的一条是，上海在中国传统文化格局中本就地位边缘，相对而言，上海对西方文化的排斥不那么激烈。在开埠以前，上海和广州、福州等城市差异很大。广州在开埠前是广东省会、两广总督府所在地，是岭南文化的中心，也有鄙视"番鬼"的传统。福州在开埠以前是福建省会，是闽浙总督府所在地，是福建文化的中心。在通商五口中，福州是鸦片战争中唯一未被

① 连玲玲：《打造消费天堂：百货公司与近代上海城市文化》，社会科学文献出版社2018年，第433-436页。

② 项慧芳：《上海英租界寻旧》，前揭，第370-371页。

③ （法）白吉尔：《上海史：走向现代之路》，前揭，第78页。

英军占领过的城市。开埠以后，福州官绅以极其傲慢的方式对待英国领事，让他用最不体面的形式自己摸索上岸。而上海，既不是江苏的政治文化中心，甚至连松江府的中心都算不上。George Lanning 和 Samuel Couling 在《上海史》（*A History of Shanghai*, *1921*）中这样描述广东与上海的区别："广东人好勇斗狠，上海人温文尔雅; 南方人是过激派，吴人是稳健派。"① 上海的特别气质，客观上"打碎了建立在儒家教义上的思想与权力的垄断，消除了对洋人的偏见，构筑起不同文明之间对话的可能性"。② 这种对异文化的态度，同样也体现在上海西餐的发展史中。

三、天津近代西餐馆概况

在众多北方沿海城市中，天津颇具代表性。相比广州和上海，它是后起之秀。在近代之前，天津的重要功能是南北方漕运的中转站。元代开始，南方盐米北运，多经天津。明成祖迁都北京后，天津不但在军事上守卫首都，其漕运中转功能也日益重要。明人王懋德诗《观海于天津》记录了漕运的盛况："极目沧溟浸碧天，蓬莱楼阁远相连。东吴转饷输粳稻，一夕潮来集万船。"明清南北海运的日益繁盛，让天津逐步成为一个商业发达的城市。康熙皇帝 1681 年秋巡视天津时，曾赋诗《天津》，记录了天津的漕运繁华情境："转粟排千舰，分流纳九河。潮声连海壮，树色入

---

① 熊月之：《上海租界与文化融合》，见《租界里的上海》，马长林主编，上海社会科学院出版社 2003 年，第 41 页 -54 页。

② （法）白吉尔：《上海史：走向现代之路》，前揭，第 82 页。

京多。鼓楫鱼龙伏，停帆鹳鹤过。津门秋望远，明月涌金波。"

1860 年 10 月，清政府被迫与英法两国签订《北京条约》，从此天津开埠。同年 11 月，英国驻华公使卜鲁斯（F.W.Bruce）派遣参赞巴夏礼（H.S.Parkes）等人到天津勘选界址。1861 年 6 月，法国驻华公使哥士耆（M.A.Kleczkowski）到天津勘选界址。同治年间，天津逐渐成为清朝北洋海军的重要基地，这让天津的地位更为重要。1895 年甲午战争失败后中日签订《马关条约》，割让台湾、胶东半岛给日本，德、英、俄"三国干涉还辽"，德国以此为契机勒索，在天津、汉口开辟租界。1900 年，八国联军侵华，意欲攻占天津，清政府此时已无力反抗，乘乱之时，各国趁火打劫：已在津设立租界的各家乘机扩展界址，此前未设立租界的国家则强行划定租界。至此，已有英、法、美、德、日、俄、意、奥、比等九国在天津设立租界。几十年间，中外政要、大商巨贾、文化名流在此停留或寓居的，不计其数。中国近代被侵略的屈辱历史，让 20 世纪初的天津，成为北方最西化的城市。

1899 年，经营"西洋大菜"的芙蓉馆在日租界开张。这大概是天津最早的西餐馆。1905 年，德国人阿尔伯特·起士林（Albert Kiessling）在法租界大法国路（今解放北路）创办了起士林点心铺，以面包、糖果闻名。后因与法国士兵冲突，被法租界强令迁出，1906 年，迁至德租界威尔逊路（今解放南路）。1913 年，巴德 [①]（Bader）加盟，经营范围拓展，也开始供应德式、法式西餐。[②]

---

① 一说巴德为起士林朋友，一说为其妻弟。
② 尚克强：《九国租界与近代天津》，天津教育出版社 2008 年，第 132 页。

经过几年发展，它不仅成为京津一带最著名的西餐馆，还先后在南京、上海等地开设分店，张爱玲散文中经常提到的起士林就是它在上海的分店。它的面包、糖果还成批供应给京山铁路沿线的外国驻军。直到今天，大家一提起天津的西餐厅，大概最先想到的还是起士林。估计是这家餐厅名气太大，关于起士林本人的传言很多：一说为他来华前是德国流浪汉，一说为他曾任德皇威廉二世御厨，也有说他曾任袁世凯大公子袁克定的厨师，还有传言说1896年李鸿章访问德国时，正是起士林为他烹制各种西餐菜肴。说法种种，不好分辨。不过有一点毋庸置疑，这家餐厅很受欢迎。

图3.3 左图为天津起士林餐厅的老照片，右图中站在橱窗旁的是起士林夫人。

当时住在天津的著名人士常常在起士林订餐。有一年袁世凯过生日，包下整个餐厅，老板奉上了一个缀满奶油鲜花的多层蛋糕。后来，黎元洪过生日，也在这里办了一个盛大的生日宴席，餐厅则准备了一个一米见方的巨型蛋糕，五颜六色的寿字点缀四周。① 据说，袁世凯得知此事后，要求起士林转年给自己做一个更大的蛋糕。②

1925 年，溥仪移居天津，住进了日租界的"张园"。"张园"的主人为前清名将张彪，因溥仪来津，他将这个园子给溥仪居住。张梃（又名张学毅）为张彪第十二子，前后追随溥仪二十年。据他回忆，溥仪住在天津期间，常常去"起士林"西餐厅，因为他最爱吃其冷饮。另一家他经常光顾的饭店是"利顺德饭店"（Astor House Hotel）。③ 据英国汉学家吴芳思（Frances Wood）的研究，1894 年在天津建成的利顺德饭店，能提供出色的餐饮以及精挑细选的酒单。④1918 年出生于天津的英国人布莱恩·鲍尔（Brian Power）在回忆录里也有关于这家西餐馆的记忆：从教堂回家的路上，作为母亲对他在唱诗班演唱的奖励，"我们有时会坐上人力车去位于前德租界的维也纳风格的起士林–巴德咖啡馆"，"胖胖的长着双下巴的赫尔·起士林架子十足地在他咖啡厅的大堂里走来走去。他用德语跟我妈妈打招呼并将她带到临窗的一张桌子前，这给她的朋友们留下了深刻的印象"。他们"慢慢地喝着热咖啡，吃着点心"，"坐在盆栽棕榈旁的一个三重奏小组演奏着施特劳斯和韦伯的华尔兹舞曲"。⑤

---

① 何玉新：《天津往事：藏在旧时光里的秘密地图》，北方文艺出版社 2015 年，第352 页。
② 卞瑞明主编：《天津老字号》（上），中国商业出版社 2007 年，第 196 页。
③ 张梃：《我伴溥仪二十年》，见中国人民政治协商会议榆次市委员会文史资料委员会编，《榆次文史资料》（第 12 期），1990.12，第 65 页。
④ （英）吴芳思：《口岸往事》，前揭，第 229-230 页。
⑤ （英）布莱恩·鲍尔：《租界生活（1918-1936）——一个英国人在天津的童年》，刘国强译，刘海岩校订，天津人民出版社 2007 年，第 35-36 页。

1929 年出生于天津的伊莎贝尔·齐默尔曼·梅纳德（Isabelle Zimmerman Maynard），从小常常听她的俄裔犹太父母讲起 20 世纪 20 年代的天津生活，那时的天津"华丽、生机勃勃、商业蓬勃发展"，还有"最受欢迎的面包房和咖啡馆"起士林，"周日的时候会有四重奏乐手演奏维也纳圆舞曲"。①

至 30 年代，它已被天津本地报纸《北洋画报》称为餐饮界"二霸"之一：

&本埠饮食店之二霸（诛心）：起士林：起士林为德人所经营，售西洋糖。

&食点心，时髦者流，趋之若鹜，虽致胃病不顾也，而主人乃至巨富，每年吸收津人无数金钱，汇归德国，购置产业，使有用之金钱注入外洋，亦非此辈毫无心肝之少爷小姐们所顾也。乃日前该店主人巴德因细故击伤华役，伤势危殆，业已成讼。老德在我国土，竟敢如此横行，岂恃其国与老俄有密切关系，因老俄之得利，遂亦洋洋得意耶？本埠有心人士，已相戒勿入该店，近日生意，突形清淡云。

&杏花邨：法租界有小食店名杏花邨者，治南式菜点颇精，南人喜趋之，然其定价之昂，则举世殆无其匹。人尝谓"小食堂"价昂，抑不知杏花邨物少而较贵，如炒三冬加肉片一小碟，索值及一元，狂欲噬人，弥足恐怖，其他精馔更可想

① （美）伊莎贝尔·齐默尔曼·梅纳德：《中国之梦：一个犹太女孩在天津的成长（1929-1948）》，张喆译，天津人民出版社 2017 年，第 16 页。

见矣。但春节后菜点已非昔日之佳，惟价仍不减。入其店者，立久不得食，仅吸烟火气，已可半饱，归家后衣履无不沾此气味者。又前夕茶役一面刷洗痰盂，一面又为客进茶打手巾，见者能作三日呕。吾国人之不注意卫生有如此者。[1]

能与一家中餐馆并列天津"本埠饮食店之二霸"，可见起士林当时的受欢迎程度，食客们"虽致胃病不顾也"，依然"趋之若鹜"。

出生于 1935 年的天津作家林希，父亲"生前算是公子班头"，因此儿时常跟着父亲出入起士林。"那时的起士林餐厅果然是装潢华丽、气派非凡，门外站立着身穿红礼服的门童，见到有客人来，早早地就把大玻璃门拉开，然后恭恭敬敬地将你送进餐厅。""楼下有优雅的咖啡座，中间一个大舞池，边上是喝咖啡的客人，舞池边上有乐队演奏着西洋舞曲。不时有人走下舞池翩翩起舞。二楼，是吃西餐大菜的正式餐厅，装潢更华美，我不记得吃过什么大菜，只记得有服务生手里托着一只大盘子在客人中间走动。大盘子上有各式各样的面包。在起士林餐厅，面包是奉送的。"时光荏苒，起士林餐厅里提供的食物也几番轮变。"正因为从小就是起士林餐厅里的常客，长大之后，有了几个富余钱，就总想去起士林餐厅开开洋荤。自然起士林餐厅也随着时代在发生变化，这里也卖过馄饨和饺子，后来又恢复过来了。"[2]

此外，规模较大的西餐馆还有 1923 年开业的国民大饭店和

---

① 《北洋画报》，1930 年 2 月 11 日，第 432 期。
② 林希：《老天津：津门旧事》，重庆大学出版社 2014 年，第 82 页。

1927 年开张的大华高级饭店。大华饭店由赵四小姐的大哥赵道生创办，规模宏大，设有屋顶餐厅，配以西乐，被称为"天津第一华贵餐社"。这里的西餐西点不仅在门市供应，还可以应客人要求外送到剧院、舞厅、住宅。据《大公报》统计，1927 年到 1930 年，天津的各级宴请主要由劝业场一带的餐厅提供，大华就是其中令人瞩目的一家。仅 1928 年，这里举办的团拜宴请就不下数百场。1928 年开始营业的西湖饭店，位于马场道 491 号，它一度是天津最时髦的饭店，在《大公报》上做广告，供应"美国龙虾、天鹅、斑鹿、大雁、野猪、火鸡"。租界内不仅有大量的西餐厅，也有不少面包房、咖啡厅、冷饮厅。劝业场一带的"梅苑"做广告，供应各色面包、咖啡、奶茶。在现在的滨江道上的一家名为"和兴"的大型奶油蛋糕店也颇为有名[1]。

　　小白楼是天津的一个商业区，东临海河，西至大沽路，南至现开封道，北至彰德道，即原美租界，面积约 131 亩。上世纪 20 至 30 年代是它的商业鼎盛期，当时天津人要买进口高档商品、黄油面包、俄式香肠，吃西餐、看原文电影，都会来小白楼。历史学者尚克强根据当时的档案记载发现，当时小白楼地区有 51 家外国商店，包括西毕立面包房、葛达也夫奶房、欧洲食堂 1934、桑妥斯咖啡牛奶洋行、好莱坞酒吧、大维咖啡馆、欧洲食品店、斯塔舍夫斯基商店（制莫斯科硬肠）等各色西餐厅、咖啡厅、面包房。[2]

---

①　尚克强：《九国租界与近代天津》，前揭，第 101 页。
②　同上，第 129-131 页。

20 世纪 40 年代初，小白楼的"维格多利"兴起，与旁边的起士林成犄角之势。维格多利是一座四层的大型餐厅，雄踞浙江路、建设路、开封路和今天南京路的交汇之处，是小白楼地区最抢眼的建筑。它由俄籍犹太人普列西和中国人齐如山、郝如久合资经营。一楼大厅经营咖啡点心，楼上是大餐厅，除了供应正宗的俄式西餐外，还推出了一些适合天津人口味的小吃和菜肴。开业后不久，它的经营和规模就超过了起士林。[1]

四、西餐馆的象征意义

作为华南、华东、华北三个代表性的沿海城市，广州、上海和天津的近代日常生活变革中，西餐的兴起是非常重要的部分。曾经作为唯一的通商口岸，广州是接触洋务最多的城市，自然也较早开始提供西式餐饮以满足各种需求。对于十三行的老板们而言，西餐以及西式的饮食方式，是做生意、笼络关系的手段，也是商业成功后的奢华享受。只有那些跟在马戛尔尼使团后大喊"鬼子""番鬼"的广东老百姓，心里未必瞧得上"洋鬼子"的吃食。

西风越刮越强劲，西餐不再只是精英阶层内部的交流方式。西餐馆的出现，是一个标志。西餐馆让西餐不再是少数精英或贵族举行的外来仪式，而变成了一门生意，这就意味着它开始面向更多人群，"童叟无欺"。西餐馆的顾客，也逐步从"有钱的时髦人"扩大到可能负担的、愿意掏钱的、想要猎奇和尝新的中国

---

① 同上，第 132 页。

人。大城市里不仅有专门的西餐馆，百货公司旁边的酒楼也开始兼营西餐，准确地说是"中式西餐"。1919年的圣诞节，永安百货的大东酒楼推出了"公历冬至"精美大餐，强调卫生的西式餐具和个人套餐，有两种选择，二元一份或一元二角五分一份，菜色中西合璧，既有烧火鸡、咖非、花旗生菜、免治披、通心粉、小郎布丁、白帽蛋糕这样的西餐菜式，也有鹅肝烟肉、野味汤、烧乳猪等有粤菜影子的菜式。至20世纪三十年代末四十年代初，菜单上的选择依旧丰富，不过中西合璧的程度更盛，价格却连年下降。在一张1936年大东酒楼的菜单上，列有德国牛扒、焗英腿五色莱、高丽虾球、摩罗会家鸭、吉列鲜鱼、生菜咸牛利、法式果盆、鲜柠檬布甸、西湖燕窝、五香手撕鸡、炸鲜虾球、杨梅车厘冻、咖啡、鲜奶等各种菜品。[①] 这很好地说明，在上海这样的大城市，西餐逐渐普及，西餐馆也开始努力吸引更多的、较低阶层的消费者。

随着西餐馆在中国大城市的增加，中国百姓对西餐的态度，也经历了"视为粪土""高不可攀"又复归平常的"抛物线"。总之，西餐馆在近代中国沿海城市的兴起，逐渐改变了传统中国城市的日常生活空间构成，它们与霓虹灯、柏油路、公共交通等元素一起，构成了中国沿海城市现代化的重要符号。其中有作为被侵略的半殖民地国家的耻辱，也有具体微观的中西日常生活方式的冲突与融合，这些也是孕育近代中国曲折走向现代化的日常力量。

---

① 连玲玲：《打造消费天堂：百货公司与近代上海城市文化》，前揭，第174-176页。

第四章

书写新滋味：晚清的中文西餐菜谱

Compote of Pears.

Galette.

Cherry Tart.

《礼记》《吕氏春秋·本味篇》《史记》等早期文献里就曾有关于饮食的零星论述，在马王堆汉墓出土文物中，也可以直观窥见汉代贵族饮食品类的丰富与精致，但在中国书写传统中，专门性的菜谱出现得比较晚。宋代以前，饮馔方面的专门著述似乎比较少见。宋代开始逐渐产生了有关烹饪、饮食的论著，且多为南方文人撰写。南北朝时期开始对南方持续开发，到宋代，中国的经济重心已经南移，相较而言，南方物产丰富，山川地形多元，汇集海陆交通，更容易摆脱正统儒家的道德观念束缚，产生非伦理化的饮食美学思考。元人陶宗仪编辑的《说郛》丛书里，已有饮食著作三十余种。

　　按目前可见文献，宋代流传至今的几本菜谱，比如陈达叟《本心斋疏食谱》、林洪《山家清供》以及《吴氏中馈录》，至今都有影响。值得一提的是，《吴氏中馈录》的作者是一位女性，吴氏，浙江浦江人（浦江县今属浙江省金华市），其具体写作年月已不可考。陶宗仪将其收录于《说郛》丛书，可见元代已被瞩目。该书记录了浙江金华地区几十道菜的做法，由于年代久远，其中记录的菜现多已成历史，但笔者作为金华人，居然在书里看到一道熟悉的菜——三合菜。春节期间，金华地区家家户户都要做这道菜。腊月末，准备雪菜、腌萝卜、胡萝卜、干萝卜、厚千张、豆腐干、豆芽菜、酱萝卜等八种菜，切丝或切碎，分别炒熟后混合之。炒上一大盆，每餐端上一碗，因过年多鱼肉，这道菜可解腻开胃。在金华地区的不同地方，这道菜演变出不同的做法，比如永康的"八宝菜"，配料与"三合菜"虽有不同，但做法类似。不过《吴氏中馈录》里记载，做法与现在有明显差异：

> 淡醋一分，酒一分，水一分，盐、甘草调和，其味得所，煎滚。下菜苗丝、橘皮丝各少许，白芷一、二小片，糁菜上，重汤炖，勿令开，至熟食之。

另外，这本菜谱中提及的调料也挺有意思。现在浙江大部分地区的本土菜里，一般没有用花椒的习惯，但书中记录的好几个菜都需要放花椒，金华并非花椒产地，不知当时花椒自何处来。

元末明初韩奕所撰菜谱《易牙遗意》，在后世也颇具影响。明代中后期，菜谱开始密集出现。16世纪晚期，明朝虽已开始走下坡路，但长时期的农业生产积累，市场的欣欣向荣，不仅国内交易频繁，与世界经济圈关系也越加密切。第一章里我们已经讲过，这时期开始，玉米、甘薯、花生、土豆、辣椒、番茄等一系列源自美洲的农作物陆续进入中国，丰富了中国的饮食结构。晚明时期，饮食书写作者更多，比如高濂《遵生八笺》、陈继儒《养生肤语》等都有专章论饮馔。作为异族入主中原的朝代，清朝多民族特征较之前朝更明显，各民族饮食文化互相影响，满汉之间尤为明显。至清代后期，列强入侵，西洋饮食也开始零星进入中国。清朝专门的饮馔书也不少，比如李渔《闲情偶寄·饮馔部》、朱彝尊《食宪鸿秘》、袁枚《随园食单》、无名氏《调鼎集》、顾仲《养小录》等，都广为流传。在专门的汉语西餐菜谱出现之前，最早关于西餐的汉语记录，也出自这些文献。

一、汉语中西餐饮食的零星出现

在笔者所见的食谱文献中，清人李化楠（1713—1769）在《醒园录》里留下了最早的汉语西餐记录——"蒸西洋糕"：

> 每上面一斤，配白糖半斤，鸡蛋黄十六个，酒娘半碗，挤去糟粕，只用酒汁，合水少许和匀，用筷子搅，吹去沫，安热处令发。入蒸笼内，用布铺好，倾下蒸之。①

李化楠，四川人，乾隆七年进士，曾在浙江、河北、京津等地任职，与李化楠几乎同时期的袁枚（1716—1798）暮年所著的《随园食单》里，也出现了类似西餐甜点。在《随园食单》"点心单"部分里，记录的"杨中丞西洋饼"，袁枚细致记录了其做法：

> 用鸡蛋清和飞水作稠水，放在碗中。打造一把铜夹剪，

---

① ［清］李化楠：《醒园录》，前揭，第42页。

头上作饼形，如蝶大，上下双面。铜合缝处不到一分。生烈
火烘铜夹，撩稠水，一糊一夹一煤，顷刻成饼。白如雪，明
如绵纸，微加冰糖、松仁屑子。

袁枚乃浙江钱塘人氏，少年得志，24 岁中进士，曾得尹继善
提携，二人相交甚厚，《随园食单》中称尹继善为"尹文端公"，
尹氏曾任刑部尚书和两江总督等官职。据袁枚本人说："尹公晚
年，好平章肴馔之事，封篆余闲，命余遍尝诸事羹汤，开单密
荐。余因得终日醉饱，颇有所称引。"[①] 有这样的条件，袁枚自
诩"每食于某氏而饱，必使家厨往彼灶觚，执弟子之礼。四十年
来，颇集众美。"[②] 袁枚在嘉庆元年（1796 年）作的《杂书十一
绝句》其 16 中写道："吟咏余闲著《食单》，精微仍当咏诗看。
出门事事都如意，只有餐盘合口难。"去世前两年写的这首小诗，
足见《食单》的内容，萃集了作者一生的饮食见闻与经验。袁枚
有鲜明的饮食观念，比如强调食材品质，"一物有一物之味，不
可混而同之"，需尊重食材原味，尊重炊具、餐具的物性，"须
多设锅、灶、盂、钵之类，是一物各献一性，一碗各成一味"。
外国研究者据此把袁枚与同时代的法国作家让·安泰尔姆·布里
亚－萨瓦兰（Jean Anthtrne Brillat-Savanin）对比，[③] 后者的代表
作是 1825 年第一次出版的《厨房里的哲学家》，目前已有汉译

① ［清］袁枚：《足本随园全集》第 12 册，曹鹤雏标点，九洲书局 1936 年，第 27 页。
② 王英志主编：《袁枚全集新编》（第 15 册），浙江古籍出版社 2015 年，第 279 页。
③ （美）乔安娜·韦利－科恩：《追求完美的平衡：中国的味道与美食》，见（美）
   保罗·弗里德曼主编，董舒琪译，《食物：味道的历史》，浙江大学出版社 2015 年
   版，第 98 页。

本。《随园食单》先后有英、法、日等文字的译本。在著名英国汉学家亚瑟·韦利（Arthur Waley）1956 年所著的《袁枚》（*Yuan Mei: Eighteenth Century Chinese Poet*）一书里，作者这样论及《随园食单》：听过袁枚大名的西方人，往往是因为他的菜谱书。翟理斯教授（Herbert Allen Giles）在他的《中国文学史》（*History of Chinese Literature*）中翻译了其中的一些段落。1924 年，它被译为法语。[①]

令人惊异的是，亚瑟·韦利把袁枚所写的"杨中丞西洋饼"一段翻译为英文：

Governor Yang's Western Ocean (i.e.European) Wafer

Take the white of an egg and some flour-powder and mix them into a paste. Make a pair of metal shears with at their ends two plates the shape of the wafer, about the size of a small dish. There should be less than a tenth of an inch between the two surfaces when the scissors close. Heat on a fierce fire. All that is needed is your paste, your scissors and the fire. In a moment the wafer will be finished, white as of frosted sugar and pine-kernels.[②]

---

① Arthur Waley, Yuan Mei: Eighteen Century Chinese Poet, Stanford, CA: Standford University Press, 1970，p.195.

② Arthur Waley, Yuan Mei: Eighteen Century Chinese Poet, Stanford,CA:Standford University Press,1970，p.196-197.

西洋饼被翻译为 wafer，意为薄脆饼。根据 *Collins English Dictionary* 的解释，wafer 有两个常用意思，一指 "a thin crisp biscuit which is usually eaten with ice cream"（通常和冰淇淋一起吃的薄脆饼干）；另一个意思为 "a circular, thin piece of special bread which the priest gives people to eat in the Christian service of Holy Communion"（在举行基督教仪式时，牧师分给大家吃的特制圆形薄面包）。结合语境，亚瑟·韦利应该指的是第二种意思。袁枚当年吃到的西洋饼，到底是不是这种圣饼，也未可知。

有人认为这种名为"西洋糕"或"西洋饼"的点心，或源于著名的传教士汤若望（1591—1666）。汤若望是德裔天主教耶稣会传教士，明朝天启年间来华传教，他带来的西洋知识，在当时朝野影响很大，他曾与徐光启等合著《西洋历法新书》，崇祯年间曾任钦天监，明亡后在清政府继续获得重用。据说花甲之年的汤若望常亲自下厨，以西洋饮食宴请中国同僚。他制作的"西洋饼"大受欢迎，这种欧洲小点心于是开始在上层社会流传开。[①] 此推论是否可靠，还有待细考，但传教士带来西方饮食习惯，却也是顺理成章之事。

第三章已介绍过，清末越来越多的清朝官员和知识分子到欧洲。他们中也有人详细记录西餐菜单，可以视为另一类型的中文西餐菜谱。旗人张德彝（1847—1918）就作过这样的记录。张德彝是近代中国第一批熟悉外语的清朝官员之一。他少时家贫，十五岁时，同文馆的成立让他有机会系统学习外语。他一生先后

---

① 陈诏：《饮食趣谈》，上海古籍出版社 2003 年，第 24-25 页。

八次出国，在外国总计度过二十七年。他留下的详细日记，依次成辑，包括《航海述奇》《再述奇》《三述奇》《四述奇》直至《八述奇》等，计二百余万字。在这些文字里，张德彝多次记录了对西方美食的体验。1866年，当时清政府第一次派人游览欧洲，十九岁的张德彝有幸参与。在欧洲各地游览了一百一十天后回到北京。在回国不久后，他完成了第一册欧洲游记——《航海述奇》。同去者也有很多记录留下，关注国家大事者多；而张德彝的笔记，则较多地关注欧洲人日常生活。从上海上船八九日后，他开始详细记录自己在船上的饮食生活：

> 每日三次点心，两次大餐。饭时桌上先铺白布，每人刀、叉、盘、匙、饭单各一，玻璃酒杯三个。先所食者，无非烧炙牛、羊、鸡、鱼，再则面包、糖饼、苹果、梨、橘、葡萄、核桃等。饮则凉水、糖水、热牛奶、菜肉汤、甜苦洋酒，更有牛油、脊髓、黄薯、白饭等物。下客数人一篮白米饭，无饭无茶，较之恶草具以进者差胜。①
>
> ……
>
> 辰刻客人皆起，在厅内饮茶。桌上设糕点三四盘，细盐四小罐，茶四壶，加非二壶，炒扣来一大壶，白沙糖块两银碗，牛奶二壶，奶油饼二盘，红酒四瓶，凉水三瓶。客皆陆续饮食，有以凉水、红酒、白糖调而饮者，亦有以牛奶、茶、

---

① ［清］斌春、张德彝：《乘槎笔记　航海述奇》，商务印书馆、中国旅游出版社2016年，第10页。

糖和而饮者，种种不一，各听其便。加非系洋豆烧焦磨面，以水熬成者。炒扣来系桃杏炒焦磨面，加糖熬成者，其色紫黄，其味酸苦。红酒系洋葡萄所造，味酸而涩，饮必和以白水，方能下咽。面包系发面无碱，团块烧熟者，其味多酸。

至巳初早饭，桌上先铺大白布，上列许多盘碟。有一银篮，内置玻璃瓶五枚，实以油、醋、清酱、椒面、卤虾，名为"五味架"。每人小刀一把，面包一块，大小匙一，叉一，盘一，白布一，红酒、凉水、苦酒各一瓶。菜皆盛以大银盘，挨坐传送。刀、叉与盘，每饭屡易。席撤，另设果品数篚，如核桃、桃仁、干鲜葡萄、苹果、蕉子、梨、橘、桃、李、西瓜、柿子、波罗蜜等。食毕，以小蓝玻璃缸盥手。菜有烧鸡、烤鸭、白煮鸡鱼、烧烙牛羊、鸽子、火鸡、野猫、铁雀、鹌鹑、鸡卵、姜黄煮牛肉、芥末酸拌马齿苋、粗龙须菜、大山药豆等。未刻有茶、酒、糕点、干果。酉初晚饭，惟先吃牛油汤一盘，或羊髓菜丝汤，亦有牛舌、火腿等物，末食果品、加非。子刻有晚茶点心。其盘、匙、刀、叉、镟，皆系铜质包银。小盘、茶碗，瓷厚三四分。玻璃杯瓶，有厚五六分者[1]。

晚清西游者颇多，但如此细心抄写菜单的，恐怕只有张德彝一人。根据张的描述，船上伙食相当不错，每日主食、肉类、蔬果饮料都很丰富，还有热茶、加非（咖啡）、炒扣来（巧克力）等。

---

[1] ［清］张德彝：《航海述奇》，钟叔河校点，长沙：湖南人民出版社1981年，第12-13页。

他还特地为这些新鲜玩意的做法添了几句解释，比如用"洋豆烧焦磨面，以水熬成"的"加非"，"桃杏炒焦磨面，加糖熬成者，其色紫黄，其味酸苦"的炒扣来。他还在船上吃了"姜黄煮牛肉"，即咖喱牛肉，姜黄为咖喱的主要配料，如此翻译证明他对咖喱颇有了解。在法国，张德彝等人自带厨师做饭，但喝的是西洋饮品：

> 时明等随带庖丁二人，令在厨内择其可食者，每饭作四盘一镟。所食之菜，有王瓜、鲜蘑、豌豆、波菜、胡罗卜、扁豆。有白菜叶短而肥，形比西瓜。午后，有果，加樱桃大如李子；梨实青而软；地椹形如桑椹，色红味酸而微甜，大者寸许，系草本，食必加以白沙糖。酒名"三鞭""比耳""波兜""支因"等，其色或黄或红，或紫或白，味或苦或甘，或酸或辣不等。[①]

张德彝大概以前没喝过啤酒，在之后的《布比法日记》中，他较为详细地记录了啤酒的样子和喝法："往酒肆饮'必耳酒'。其色黄，味极苦，酌以大杯，容半斤许，有酒无肴，各饮三杯。"[②]张文中的"三鞭""波兜""支因"，分别为香槟、波尔多红酒和金酒，金酒又称杜松子酒或琴酒。张一行还尝了一种他译为"番鲁石"的红酒，并记录了常见喝法："国人以之酿种红酒，名'番

---

① 同上，第44-45页。
② ［清］斌春、张德彝：《乘槎笔记 航海述奇》，前揭，第105-106页。

鲁石'，其味仍酸，饮必加凉水一半。"①

　　他对面包和冰激凌的翻译，已非常接近今译。他们在船上每天吃"发面无硷，团块烧熟者，其味多酸"的面包，也在法国品尝过其他口味的面包，"入酒楼饮茶，无他糕点，不过奶油面包"。他如此描绘冰淇淋："有名'冰积凌'者，以鸡卵、牛乳、红酒、白糖等物，调和成冰而食。其制法不一，味亦各异。"②

　　类似张德彝经历的晚清人士中，愿意花笔墨记录西餐的人不少，比如黎庶昌，他与薛福成、吴汝纶、张裕钊被称为"曾门四弟子"。1876 年至 1880 年，他以参赞之职先后随郭嵩焘、陈兰彬出使英、法、西班牙等国，写下了《西洋杂志》一书。他在该书里记录了在英国"饮茶"、喝"加非"的体验，也描绘过巴黎街头大小"加非馆"。黎氏还记录了一位英国商人离开中国经蒙古、俄罗斯回欧洲途中，在张家口购物时的消费清单，其中包括"比儿酒、卜蓝地酒、干面包、牛奶油"等常见西餐饮食。③ 可见在 19 世纪 80 年代前后，张家口这样的城市已能买到啤酒、白兰地、黄油等西洋食品，也可以想知"面包""比儿酒""卜蓝地酒""牛奶油"等译名已进入部分国人的日常生活。还有一个例子：1876 年是美国建国 100 周年，美国在费城举办万国博览会，清政府派海关总税务司赫德（Robert Hart）带领中国代表团赴美，李圭是代表团中唯一的中国人。他根据见闻写成的《环游地球新

① ［清］张德彝：《航海述奇》，前揭，第 38 页。
② 同上，第 36、22 页。
③ ［清］黎庶昌：《西洋杂志》，王继红校注，社会科学文献出版社 2007 年，第 40、195 页。

录》一书，也提及"架非（似豆，西人用以代茶）"等西洋食物。①

以上文献中，我们零星地见到汉语西餐菜单。它们的翻译尚无统一标准，多是临时译名，不少还附带解释，正是这些零星的翻译和记录，呈现出近代"西食东渐"初期的情形。汉语西餐菜谱的出现，是"西食东渐"的重要标志之一。尽管学界就西餐何时进入中国尚无定论，但现有文献显示，汉语西餐菜谱最早出现于晚清。从19世纪60年代到19世纪末，先后若干西餐菜谱集中问世。比如《造洋饭书》《华英食谱》和《西法食谱》等。《造洋饭书》是其中知名度最高的。此书由美国南浸信传道会教士高第丕（Tarleton Perry Crawford）夫人 Martha Foster Crawford 编写。高夫人1852年来华，1900年回国，她于1866年编写了此书。著名学者夏晓虹曾撰文讨论过这三本菜谱，她虽然不确定《造洋饭书》是否为"中国最早的文字西餐食谱"，但肯定其特殊价值。她认为《造洋饭书》和《西法食谱》这两本西餐烹饪著作代表了"晚清西化的两种途径"。②《西法食谱》纯粹是译作，《造洋饭书》则是高夫人为了帮助中国厨师做西洋饭而编写的。很遗憾，笔者并没有阅读过《西法食谱》和《华英食谱》。据夏文，早在1900年，《西法食谱》已经较为罕见，她亦未曾见过原刊，所阅的是"庚子仲夏仿录美华书馆原本"的抄本；《华英食谱》则可能更加稀少，据夏判断，这很可能是一本拼凑之书。

比《造洋饭书》稍晚的汉语西餐菜谱，是波乃耶撰写的 *The*

---

① ［清］李圭：《环游地球新录》，商务印书馆、中国旅游出版社2016年，第13、68页。
② 夏晓虹：《晚清的西餐食谱及其文化意涵》，《学术研究》2008年第1期，第138-146页。

English Chinese Cookery Book，该书 1890 年在香港以英汉对照的形式出版，书的英文副标题是 *Containing 200 Receipts in English and Chinese*。该书由 Kelly&Walsh 出版社出版。此出版社 1876 年成立于上海，汉语名为"别发洋行"，活跃于 19 世纪末至 20 世纪初，以出版英语书籍著称。扉页上的"西国品味求真"应是作者取的汉语书名。作者在该书前言表示，不少人向他提出，受雇于外国人的中国厨师需要一本这种形式的菜谱书，于是他萌生写书的想法。基于此，他将每个菜分别用英文和中文各记录一遍烹调方法，与上述几本全中文西餐菜谱略不同。其实，《造洋饭书》的目标读者也差不多，高夫人解决的办法是，用中文撰写菜谱，后附全部菜名的英文索引。

图 4.1 《造洋饭书》的封面、内页、作者 Martha Foster Crawford。

彼时，西餐刚刚进入汉语，为西餐烹制的相关术语和方法寻找恰当的汉语表达并非易事，我们也因此可以看到早期汉语翻译西餐的最为生动具体的情形。如果《造洋饭书》代表长江三角洲和上海地区的西餐汉译标本，那么，三十余年后产生的 *The*

English Chinese Cookery Book，堪称粤语西餐汉译的标本。基于这种代表性，下文中，我们将分别以《造洋饭书》和 *The English Chinese Cookery Book* 为中心，探讨其中蕴含的跨文化与翻译景观。

二、《造洋饭书》及其翻译

《造洋饭书》以"汤""鱼""肉""蛋""小汤""菜""酸果""糖食""排""面皮""朴定""甜汤""杂食""馒头""饼""糕"和"杂糕"等食物类别作为目录。从名字看，这几乎看起来像一本中餐菜谱，但里面介绍的都是典型的西餐做法，这恰恰显示出作者的基本翻译思路。上述大类之下的具体内容，见本章附表（表内括号中的注释均为原注或 1986 年版的编者注）。

据附表，我们可以看到，目录中大类非常中国化，试图将西餐"翻译"化归到中餐中。但在具体的饮食名称里，有许多难以"化归"的内容，因此，意译、音意相结合和纯音译的名称，各占相当比例。其中对下列常见西式饮食和调料翻译，都以音译为主：朴定（今译布丁）、排（今译派）、马马来（今译果酱）、鸡蛋咭格 (eggnog，今译蛋酒，一种圣诞节饮料)、笨似 (buns，今译小圆面包)、嚟吷（即泡芙）噶唎（即咖喱）、扫司（sauce，调味料）、撒勒突（沙拉）、白塔油（今译黄油）、信不嘶（jumbles，一种圆形甜饼干）、味乏（wafers，薄脆饼）、嗑肥（咖啡）、知古辣（巧克力）等。另外，越专门越特别的饮食，意译的可能越小。

《造洋饭书》的时代特色也隐藏在其中。比如"牛蹄冻"（据原书附录，其英文名为 calf's feet jelly），把牛蹄洗净加水煮，煮到水耗一半，留到第二天，去掉油脂，加橙汁、鸡蛋、糖和酒，略煮后过滤倒在冻模里，作者把它归入糖食。这道菜时代气息浓重，在 19 世纪被认为是穷人的营养品，在 *Modern Cookery*，*The Household Encyclopedia*，*The Complete Practical Confectioner*，*The Cook's Dictionary* 和 *House-keeper's Dictionary* 等多部 19 世纪的菜谱书中都有记录。在 20 世纪初广受欢迎的美国儿童文学作品《波丽安娜》(*Pollyanna*)中也能读到。不过今天已经很少人做。其实，这道菜有酸甜两个版本，本书收录的甜口的，这种口味的牛蹄冻在 19 世纪英国美国很常见，另一种酸酸的叫作 petcha，是阿什肯纳兹犹太人的传统菜肴。

再比如它记录的这道甜点：

🍰二四一　**瓦寻屯糕**　糖一斤，奶油十两，奶皮一酒杯。三样调匀，加白面六两，打好的鸡蛋十个加上，再加白面十四两，桂皮丁香共一小匙，肉蔻一个，葡萄干一斤，番葡萄一斤，调合起来，烘。[①]

"瓦寻屯糕"，英文为 Washington cake。这款蛋糕混合大量葡萄干，作者特意注释，"瓦寻屯糕：双葡萄饼"。这款蛋糕有些历史渊源。1800 年，美国联邦政府以乔治·华盛顿之名命名首都，随后也有一些甜点佳肴以华盛顿为名，其中这款蛋糕比较流

---

① 《造洋饭书》，邓立、李秀松注释，中国商业出版社 1986 年，第 56 页。

行。据美国饮食作家 Gil Marks 考证，这种蛋糕可能有两种起源。当时英国贵族庆生时，常常要制作一款特殊蛋糕，美国人学习英国，在重要日子吃类似蛋糕，"华盛顿蛋糕"就这样诞生了。另一种说法是，乔治·华盛顿的一名女奴被释放后在曼哈顿开店，为纪念她从前的主人，每年华盛顿生日，她都在店里制作出售一种"华盛顿蛋糕"。[①] 这种蛋糕 19 世纪在美国很受欢迎，但今天已风光不再，倘若高夫人今天编写此书，未必会将它收入。

还有《造洋饭书》里详细介绍的冰淇淋的两种做法，也富有时代特色。书里翻译为"冰冻喇嗯嗒"，英文原文为 custard ice cream，这是比较传统的冰淇淋，也被称为法式冰淇淋，因加大量的鸡蛋，口感滑嫩。冰淇淋的起源，最早可以追溯到罗马帝国时期，据说罗马帝国臭名昭著的暴君尼禄，就非常喜欢用酒和蜂蜜调味的冰品。据历史学家考证，唐朝的皇帝已经用类似于牛奶冻的甜品来宴请宾客。[②] 当然，这些与现代冰淇淋差距很大。马可·波罗在游记里曾炫耀，自己在遥远的中国品尝过类似美味。可见当时的意大利，冰淇淋一类食物并不常见。有人相信是马可·波罗把冰淇淋的制作方法从中国带回了意大利，但无确凿证据。近代冰淇淋普遍被认为源于欧洲，直到今天，许多人依然认为意式冰淇淋（gelato）味道比美式冰淇淋（ice cream）更胜一筹。《造洋饭书》的作者高夫人 1852 年来华时，冰淇淋虽不如今天这样是美国人日常生活的必要安慰剂，但也逐渐

---

① 美国饮食文化学者 Gil Marks 在 Tori Avey.com 开设"American Cakes"专栏，此处参阅其中相关文章：https://toriavey.com/toris-kitchen/washington-cake/。

② Laura B. Weiss, Ice Cream: A Global History. London: Reaktion books, 2011, p.9-13.

在城市家庭中流行来开，越来越多的主妇会在家制作冰淇淋。据有关学者考证，18 世纪中期，冰淇淋才出现在少数美国人的餐桌上。1744 年，苏格兰殖民者 William Black 记录了自己和一群佛吉尼亚人去马里兰州长 Thomas Bladen 家赴宴，他在这顿家宴上享用了和牛奶、草莓一起端上来的冰淇淋。这是美国冰淇淋端上餐桌的最早记录。当然，也许只有州长这样的阶层，才能享用冰淇淋。1782 年夏天，据说乔治·华盛顿在法国大使卢塞恩（Anne-César de La Luzerne）举办的宴会上吃到冰淇淋后，从此爱上了这冰冰凉甜蜜蜜的稀罕物。美国政坛著名的美食家托马斯·杰弗逊，曾留下一批他亲自手写的菜谱，其中就包括香草冰淇淋。18 世纪末，不少售卖冰淇淋的休闲花园（pleasure garden）在纽约、费城这样的大都市开张，报纸上也不时出现冰淇淋的广告。至 19 世纪中期，虽然各种菜谱里纷纷介绍各种不同口味的冰淇淋，但在很多美国农民看来，冰淇淋只是城里人热衷的时髦玩意儿。①

《造洋饭书》里介绍的做法，显然是比较传统的手工做法。在 1843 年美国人 Nancy Johnson 发明手摇冰淇淋机（hand-cranked freezer）之前，罐子冷冻法（pot freezer method）是最常用的冰淇淋制作方法，《造洋饭书》中制作冰淇淋用的就是罐子冷冻法：

一六一 冰冻唎思嗒 二斤半牛奶，二斤半糖，十二个打好的鸡蛋，调和，放于洋铁器内。又把洋铁器下在大铁罐

---

① Funderburg, C. Anne, Chocolate, Strawberry, and Vanilla: A History of American Ice Cream, Bowling Green: Bowling State Green University Popular Press, 1995, p.3, 5-16, 30-34.

内，加滚水煮，常搅合，不停，等到厚时，取出来。冷时，加一斤奶皮，一些香水，若是没有冻冷器具，可用洋铁筒装之，必要有盖，盖严。大木桶内，装一半碎冰，加一半盐，把洋铁桶放在冰内，四外用冰盐培起来，把洋铁筒磨摇三刻时候，或一点钟，磨摇时，搅合三次，候冷成冻。若不吃，用冰培之[①]。

19世纪下半叶，随着各种制作技艺的工业化，冰淇淋逐渐普及。

另外，《造洋饭书》翻译和传播中，也包含中西文化遭遇过程中的戏剧性。比如书里讲到的"朴定饭"。在1986年版的"本书简介"中，提到"大部品种都列出用料和制作方法，有的品种，像是中西合璧的，如用大米做原料做'朴定饭'。"[②] 彼时中国改革开放不久，或许见其名字中有米饭，便称之为"中西合璧"。"朴定饭"即今之"米饭布丁"，英文为rice pudding。它不仅不是中西合璧，而且是历史悠久的欧洲食物。许多英语文学作品都曾提及。比如简·奥斯汀在《爱玛》中，就把男孩的健康归结于米饭布丁和烤羊肉：

With his two eldest boys, whose healthy, glowing faces shewed all the benefit of a country run, and seemed to ensure a

---

① 《造洋饭书》，邓立、李秀松注释，前揭，第41页。
② 同上，第4页。

quick dispatch of the roast mutton and rice pudding they were hastening home for.①

狄更斯在短篇小说《一个校园男孩的故事》里把米饭布丁描述成"假装是一顿款待":

Of course it was imposing on old cheeseman to give him nothing but boiled mutton through a whole vacation, but that was just like the system. When they didn't give him boiled mutton, they gave him rice pudding, pretending it was a treat. And saved the butcher.②

可见米饭布丁在十八九世纪的英国很常见,是比较廉价的食物。

书里面记录的"煎海蛳",今天看起来已经有些陌生,看做法和配料,似乎也容易被认为是中西合璧:"先放海蛳在淋子里,用水洗净,用手巾抹干,外预备饼屑、胡椒,用鸡蛋、奶皮调好,做成小饼,把海蛳用小匙按在饼上,用滚油煎,猪油奶油均可。"③海蛳即牡蛎,或曰生蚝,东西方吃牡蛎的历史都很悠久。古罗马时期,贵族吃生蚝已蔚然成风,他们有一套较为完整的方法来保

---

① Jane Austen, Emma, In Selected Works of Jane Austen《简·奥斯汀经典作品集》,世界图书出版社 2009 年,第 511 页。
② Charles Dickens, A Schoolboy's Story, in Complete Short Stories, New Delhi: BPI Indian PVT LTD, 2013, p.10.
③ 《造洋饭书》,邓立、李秀松注释,前揭,第 11 页。

持生蚝的口感，一般作为宴席的前菜端出，有时也当作甜点享用。①
中国有关吃生蚝最有名的掌故，大概是明代陆树声在《清暑笔谈》
里的记录："东坡在海南，食蚝而美，贻书叔党曰：无令中朝士
大夫知，恐争谋南徙，以分此味。使士大夫而乐南徙，则忌公者
不令公此行矣。"②大意说，苏东坡在海南流放期间，吃生蚝吃美了，
忙写信给自己的小儿子，嘱咐他千万保密，勿与他人分享，否则
大家都会南下来品尝这人间美味。每每读到此处，不禁莞尔。苏
东坡之酷爱美食与空旷达观，堪称难分难解。陆树声所记，可以
证明中国人食生蚝的习惯，古已有之。《造洋饭书》记录的做法
也很常见：生蚝洗净后，混合面包屑、鸡蛋、干酪和其他调味料，
然后油煎，猪油奶油皆可。中国读者一见"猪油"，会猜想这大
概又是"中西合璧"，但其实不然。欧洲人喜用猪油烘制糕点和
煎烤海鲜，尤其 20 世纪以前，德国有一种非常著名的涂面包酱，
叫 Griebenschmalz，就是用猪油做的。

三、双语对照下的《西国品味求真》

该书作者波乃耶，英文名为 James Dyer Ball，生于广东，父
亲是一位美国传教士，曾在广东开办学校，母亲是一位苏格兰
传教士。波乃耶七岁随家人游历英美三年，十岁回到广州。在
伦敦和利物浦完成大学学业后，他开始了在香港的职业生涯。波

---

① A.C.Andrews, Oysters as Food in Greece and Rome in The Classical Journal, 43:5 (1948), 299-303.

② ［明］陆树声：《清暑笔谈》，中华书局 1985 年，第 7 页。

乃耶长期在英国驻香港的政府机构担任翻译，对中英两种语言和文化均有很深的了解，出版过二十多本语言学习类的书籍，包括 *Cantonese Made Easy*，*Easy Sentences in the Hakka Dialect with a Vocabulary*，*How to Speak Cantonese*，*How to Write Chinese* 等。从这些著作的名称可以判断，作者是位中国通，汉语口语和书面能力俱佳，尤其精通粤语，对南方中国和南洋有非常丰富的了解。下面我们会看到，他这本菜谱最大的特点之一，就是依据粤语进行汉译，而且书面表达与汉语文人几无差别。

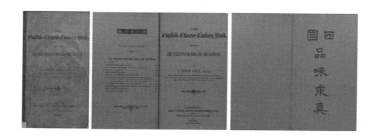

图 4.2 《西国品味求真》的封面和内页。

这本书似乎更注重读者的多元性，细致的中英文翻译和解释，显示出作者卓越的语言能力和跨文化能力，让汉语读者和英文读者都能清楚地理解。那个时代有这样一位作者留下如此一本菜谱，对后来的读者也是幸事。

先看这本菜谱的品类：分为 SOUP、FISH、MEATS、MADE-UP DISHES、POULTRY、VEGETABLES、TASTY DISHES、PASTRY、CAKES 等九个大类，每个大类分多种菜肴。为了便于论述

与参照，笔者将所有菜谱列入本章附表二。从该书的菜品清单即可发现，本书粤语特色明显。

首先，在进行新名词翻译时，他往往以粤语发音为基础。比如 New York 被译为鸟约，cream 译为嘅廉，chocolate 译为猪膏律（近于粤语之朱古力），cheese 被译为"芝豉""媸豉"等等，这些译法都近于粤语读音。不知是印刷失误，还是作者有意为之，书中 cheese 有两种译法——"芝豉"和"媸豉"，它们的读音都接近"cheese"粤语的发音。

其次，书中的意译与粤语的关系，也值得注意。除了如云石饼 marble cake、玻璃杯饼 tumble cake、王后饼 queen's cakes、杏仁饼 almond cake、花旗饼 American cake、骨牌饼 dominoes cake 等这些常规的意译，最有意思的意译，是将 pie 译为面龟。上文提及的《造洋饭书》中，作者将 pie 音译为排。此书中，波乃耶将 pie 译为面龟，背后的思路与《造洋饭书》将 bread 归化为馒头差不多。在闽南文化中，"面龟"一直是一种重要的祭祀品和节庆食物，在华南许多地区，都有吃面龟的习俗。据说最早其形如龟壳，今天多简化为枕头形状或圆形。它的原料主要有面粉、酵母，有些面龟中间夹有红豆绿豆等馅料，有些则像馒头一样，没有馅料。常见的面龟是红色的，面龟师傅在白面团外，包一层薄薄的红面团，有时还会沾上面粉做的乌龟头和乌龟脚，最后上蒸笼。马来西亚北部的华人依然保留了节庆日吃面龟的习俗。中国华南地区的面龟和欧洲的 pie 虽然有差异，但是波乃耶直接将 pie"归化"为面龟，也是一种晚清颇为常见的文化惯性和翻译思路。

类似的例子还有许多，比如将 bean sprout 译为芽菜，这是典型的粤语名字，普通话称之为豆芽；把茄子译为矮瓜，土豆译为薯仔等，都是纯粤语称谓。

当然，也有明显兼顾音与意和谐的翻译。比如把 mince 译为免治，mince 即肉末。西餐常用到肉末，比如 mince pie。过去没有绞肉机，把肉剁成肉末颇费气力，"免治"，免于处理，多方便。今天在粤语中沿用，香港有"免治牛肉煎蛋饭"这样的菜名。

波乃耶以粤语为工具，记录的许多近代中西碰撞中的汉语现象，有些已经发生变化，有些至今还在沿袭。比如烧鹅、雪糕、忌廉、牛肉扒等。粤语地区以外的绝大部分地方，"烧"不包含"烤"的意思，但到了粤菜馆里，烧鸡、烧鸭、烧鹅，其实就是烤鸡、烤鸭、烤鹅。书中将 cake 译为饼，这种用法保留到了今天。书中将 macaroni 译为通心粉，今天粤语把各种意大利面统称为通粉。普通话中，雪糕和冰淇淋是两回事，雪糕指的是棒冰，但在粤语中的雪糕，如这本书中所翻译的那样，指的是 ice-cream。书中的呍廉，就是今天粤语的忌廉，即芝士，忌廉意面、忌廉西多士都是粤语地区，尤其是香港地区常见的芝士食品。有意思的是，"忌廉"一词在汉语中也曾使用过一段时间，20 世纪初，ice-cream 常被翻译为"冰忌廉"。比如，在鲁迅的翻译作品中，就曾出现过这样的句子："而且无论那里的街，街角上一定有药材店，帖着冰忌廉和绰古辣的广告，并标明代洗照相的干片。"[①] 此外，

---

① 北京鲁迅博物馆编：《鲁迅译文全集》（第 3 卷），福建教育出版社 2008 年，第 258 页。

beefsteak 被翻译为牛肉扒，直到今天，粤语地区依然将牛排称为牛扒。书中将南瓜（squash）译为番瓜，今天的粤语依然沿用这种说法。值得注意的是，《造洋饭书》中将南瓜派翻译为饭瓜排，"饭瓜"和"番瓜"读音类似，这或许不是一个巧合。书中把 custard 称为吉士打，custard 今天普通话多称之为卡仕达酱，是制作多款甜点的必须酱料。粤语今天依然有吉士打这个说法。

在对许多菜的描述和解释中，我们可以看到作者跨文化的努力。如何在汉语中把一道西餐菜式说清楚，在当时的语境里，并不容易。毕竟，翻译就是用另一种语言解释。在这本菜谱里，体现得比较典型，下面试举几例。

书里有一道牛奶汤，中英文描述分别如下：

Wash two pounds of potatoes, srub clean, peel and cut into quarters. Cut off the green tops of the leaves of two leeks, wash well in cold water, and cut them up. Put two ounces of butter into a stewpan, add the vegetables. Put the stewpan on the fire, and let the vegetables sweat in the butter for five minutes. Boil two quarts of water in a large saucepan, and when the water is quite boiling put in the vegetables and butter, adding a quarter of an ounce of salt, and pepper to taste. Boil it to a mash, strain off the soup. Rub the vegetables through a colander with a wooden spoon. Then put the pulp and soup into the saucepan, add one pint of milk and put on fire to boil. When boiling, sprinkle in by degrees three tablespoonfuls of crushed tapioca, stirring it well the whole time. Boil gently for fifteen minutes. Pour into a hot tureen.

把荷兰薯两磅，洗净批去皮，每薯仔分切四件。韭菜两条切去叶尾，用冻水洗净，用菜刀切烂。先用牛油二两，放下锅仔。然后加韭菜薯仔共放下锅仔内。落炉慢火煮一个字之久，用大锅煮八玻璃杯水。滚起之时，将锅仔各物倒落大锅之水处。又加盐二钱五分，椒椒粉些少。煮到各物镕烂，隔清渣滓。然后用水木羹擦烂此渣滓，又放回渣滓共汤于大锅。加多新鲜牛奶一大罉，一齐放落火炉处，但滚之时，用三大羹来路打卑搣架，即洋西米是也，随少随时洒落，未撒之前，先研此西米如粉之细，撒之时搅汤勿停，慢火煮至一刻之久。先用滚水浸过汤兜，然后倒入汤兜。摆上台面便妥。[①]

这道菜虽名为牛奶汤，但最重要的配料是土豆，波乃耶称之为荷兰薯。这应该不是他的发明，在不少当时文献中都能见到这个叫法。把土豆洗净去皮切块后，加点 leek 的叶子，leek 现在多被直译为大葱，有时也翻为韭葱，波乃耶则译为韭菜。butter 为牛油。Tapioca，波乃耶将其音译为令人费解的来路打卑搣架，不过，他马上解释道，其实这种用来勾芡的材料即"洋西米"。Tapioca，即木薯粉，木薯原产巴西，当地人曾长期以此为主食，

---

① James Dyer Ball, The English-Chinese cookery book: containing 200 receipts in English and Chinese, Hong Kong: Kelly& Walsh, 1890, p.9-10.

后来作为食物增稠剂传到世界各地。今天，珍珠奶茶中的"珍珠"、麻薯都需要它，西米也是用木薯粉做的。顾名思义，"西米"非本地货，波乃耶为点明其外来身份，称之为"洋西米"。

还有一道英文名为"cheap soup"的汤，波乃耶描述如下：

Cut a pound and a half of lean soup-meat into small pieces,and put them in a stewpan with six quarts of water, three onions and six turnips. Add a little parsley, a seasoning of pepper and salt, half a pound of rice, a pound of potatoes, peeled, and cut into quarters, and a handful of oatmeal. Let all stew four hours and serve.

制清汤法

取瘦牛肉一磅半，切到幼细，放入锅中。加水二十四玻璃杯，加葱头三个，萝卜六个，旱芹一颗。落糊椒末些少，落盐些少，白米半磅，荷兰薯一磅，批去皮，切开四件。用麦粉一盒只多，共煲四点钟之久，便合。[①]

这道汤之"cheap"，不在于用料廉价，而是便于烹饪。这道汤需要肉，英文中说是做汤用的瘦肉，波乃耶在汉语中强调为瘦牛肉。此外，还需要洋葱萝卜等蔬菜，最后加上土豆、大米、燕麦等淀粉，营养丰富全面，厨师只需要依次把这些配料放入锅

---

① James Dyer Ball, The English-Chinese cookery book: containing 200 receipts in English and Chinese, Hong Kong: Kelly& Walsh, 1890, p.14.

中，慢炖四小时后即可上桌。这道菜谱比较有意思的，是关于量具的翻译与解释。中式菜谱以"写意"著称，菜谱上各种配料常言"少许""一些"云云。西餐菜谱往往更精确。英文中写明，做汤时，需要加入六夸脱的水。夸脱是英美常用的液体衡量单位，但英制和美制略有差异。在美制体系中，一夸脱液体比一升略少一些，等于四杯（cup）。杯是另一个常用的非正式单位，各国标准略有不同，美式的一杯约为237毫升。大概是为了方便汉语读者理解，波乃耶直接将六夸脱翻译为二十四玻璃杯。不过，虽然当时玻璃杯不如现在普及，但大小肯定不统一，不知读者读到这里，是否有些犹疑。

前面几章已提及，当时来华的外国人对中国一些地区大啖猫狗肉抱着好奇、惶恐，甚至视之为腐朽野蛮的象征。其实，不同文化之间，不同饮食习惯之间，难免有理解的误差。比如，这本书中就有一道菜，在农耕地区的中国人看来，肯定觉得有点不适，名曰制羊头法，英文直接称之为"sheep's head"。制作方法并不复杂，把羊头放入水中浸两小时，洗净后，"用锯将羊头锯开两边，将脑浆取出，另放一处，又锯去头中无肉之骨"，再加各色蔬菜调料若干慢炖两小时，撇去油脂菜末，羊头装盘，然后"将脑浆另外煲两个字之久"（粤语"两个字"即十分钟），煮好后放在羊头下面，合成一盘。[1] 重新组合好的羊脑浆和头骨，如此赫然陈列在盘中里，你想尝一口吗？

---

[1] James Dyer Ball, The English-Chinese cookery book: containing 200 receipts in English and Chinese, Hong Kong: Kelly& Walsh, 1890, p.39.

四、书写"新滋味"的典型

综合两本菜谱来看,近百年来,中国常见蔬菜种类明显增多。番茄、土豆、洋葱,都是今天再普通不过的蔬菜,但是从两本书里的译名看,至少到19世纪末,这些舶来蔬菜的普及率还不高。《造洋饭书》和《西国品味求真》中,番茄被分别译为番柿和金钱桔,土豆分别被译为地蛋和荷兰薯,洋葱被译为葱头。这些蔬菜遍及全球,是大航海时代持续影响的产物。而一种食物从被认识到被端上寻常百姓的餐桌,需要更长的时间。

从早期清代文献和菜谱中零星出现的西餐,近人旅欧记录的西餐菜单,到专门的汉语西餐菜谱的面世,前后经历百余年。由此足见,近代中国日常生活变革的发生,中国人对新"滋味"的接受,与"西学东渐"大致同时期,但节奏和方式有明显差异。饮食的变化与更新,多是渐进的,而非压迫性的。晚清中国不得不学习西方"坚船利炮""声光电"等诸多方面的"长技",但对餐饮形式的拒绝与接受,都十分主动。

南方地区的菜谱书写,与唐宋代以来形成的南方文人传统密切相关,也与南方相较北方食物品种更丰富、更靠近海洋有关。正如本书绪论曾论及的那样,近代世界社会的变革从航海变革开始、近代中国与西洋的接触,也常被称为"海通"。华南和华东地区更靠近温带和热带海洋,因此与域外商人、海盗和军舰接触都更为便利与频繁。因此,上述两本菜谱分别出现在华东地区和华南地区,也在意料之中。

由于中国地域广大,近代西方列强先后从多个方向入侵中国,许多情况不能还原，因此很难断定众多西餐表述出现汉译的先后顺序。但在这两本菜谱里，可以看到中西接触、融合的具体形态，其中包含了域外饮食阐释和滋味译写的多种汉语尝试与可能。我们甚至可以说，在近代"西风东渐"过程中，汉语与欧美语言的接触，沿海地区，尤其是华东和华南地区的汉语方言，与欧美语言接触面最大。这两本菜谱相对完整地记录了当时西餐的汉语表达体系，其方言气息与地域特色，可能是我们熟视无睹的。它们产生于这两个地区，既是巧合，也是必然，堪称西食汉译的典型文本。

附表一　《造洋饭书》所有菜品列表

类目	数目	种类
汤	六种	牛肉汤；鸡汤；豆汤；菜汤；红汤；海蛳汤
鱼	十种	炒鱼；煎鱼；煮鱼；熏鱼；烘鱼；层花海蛳；煎海蛳；煮海蛳；海蛳饼；海蛳荷包蛋
煮肉法	四十一种	煎肉；熏肉；烘牛心；烤牛肉；烘牛心；牛肝；熏牛腰子；牛肉片；煎牛肉片；牛肉排；牛肉阿拉马；烘牛肉地蛋；香牛肉；腌牛肉；牛肉小炒；牛羊肉小炒；肉饼；羊肋；煮羊腿；烘羊肉；烤羊肉；羊肉排；烘小猪；猪肝；烘猪肉；熏猪肉；猪肉地蛋；香肉饼；火腿；熏火腿；烘鸡、鸭、鹅、试鸡；烤鸡、鸭、鹅、试鸡（即火鸡，作者解释，"此鸡出自外国"）；煎鸡；熏鸡；鸡排；煮鸡；煮整鸡；鸡饭；烤兔子；噶唎
蛋	十二种	鸡蛋饺；水沸蛋；鸡蛋啮格；炒鸡蛋；奶油小汤；各类肉小汤；火腿小汤；黄小汤；鸡蛋羹；芹菜小汤；番柿酱；薄荷小汤
菜	多种	煮各种菜；煮萝卜、茄子、黄瓜、葱头等类；外国红萝卜；各种瓜；鲜豆类；陈豆类；煎茄子；番柿；烘番柿；包米；烘包米；地蛋；地蛋片；煎地蛋；地瓜
酸果	八种	酸黄瓜；酸辣椒；酸桃；葱头；酸番柿；青番柿；酸樱桃；香果

---

① 此处作者将 Pie 翻译为面虮，和该书整体译法不同，不知是笔误还是有意为之。

类目	数目	种类
糖食	二十五种	糖桃；酒桃；杏梅；梨；红花平果（香柿、梅、李、樱珠、葡萄皆同作法）；西瓜皮；桔子；烘平果；煮平果花红；苹果丝；苹果花红酱、桃梅李各种果干；苹果花红冻；葡萄冻；桃马马来；苹果马马来；多罗蜜马马来；木瓜冻；桔冻；洋菜冻；西洋菜冻；哒呧沤格冻；碎榖冻；洋菜点心；牛蹄冻；外国备果
排	十种	小儿排；苹果红花排；熟果排；杏子排；地瓜排；山芋排；红花酸排；酸桃排；英法排；饭瓜排（即方瓜派，即南瓜，又名番瓜）
朴定	二十五种	饭朴定（三法）；雪球；劈格内朴定；葡萄干朴定；朴兰（番话迦兰朴定）；苹果汤包子；法兰西朴定；煮饭朴定；煮包米面朴定；煮朴定；地蛋朴定；嘟嗯嗒朴定；馒头朴定；花红嘟嗯嗒；珍珠米（即包儿米）；碎榖朴定；阿萝萝朴定；哒呧沤格朴定（二法）；亚利米泼脯；油炸弗拉脱（即油炸果子）；馒头弗拉脱；蛋衣
甜汤	十一种	甜小汤（三种）；甜小酱；鸡蛋嘟嗯嗒；冰冻嘟嗯嗒（两种）；冰冻水果；牛奶酱；蛤拉路思（俄国水果奶油布甸）；弗拉末（法国酸冻奶蛋糕）
杂食	十一种	冻饼；桔子酱；面点心；斩白糖（即糖果）；糖食干；糖宝塔；阿末来苏弗来（即蛋奶酥）；雪裹白（奶油葡萄酒奶汽水）；浮海岛（即甜品）；煮嘟嗯嗒（即煮吉士）；烘嘟嗯嗒
馒头类（附饼）	三十五种	馒头酵；地蛋酵；花酵；硬酵；酒酵馒头；花酵馒头；哳哒馒头；麸皮馒头；地蛋馒头；甜馒头；法国小馒头；咸小馒头；哳哒饼；酸奶饼；酸馒头饼；荞面饼（二法）；麸皮饼；饭小饼；酵子华脯（窝伏饼）；无酵华脯；饭华脯；面饼；面落饼；酸奶包米饼；包米饭粉；面沫粉；包米馒头；撒拉冷（一种咸饼）；奶皮饼；鸡蛋卷；绒饼；四家泼脯；奶皮小饼；格轮泼脯

类目	数目	种类
糕类	三十五种	平屋糕；斤糕（二法）；金钱姜饼；姜糕；姜饼；姜松糕；毛糕；西达糕；奶皮糕；馒头糕；托纳炽（油炸孔饼）；山托纳炽；茶饼（二法）；奶皮糕；滴饼；陋弗糕（陋弗，按英文原义，即面包或糖。按成品可译为提子饼，葡萄干饼）；玩饼；酒饼；弗兰西饼；黑糕；金糕；银糕；客勒斯（炸面条）；来门糕（柠檬糕）；来门饼；冻糕；糖滴；笨似；瓦寻屯糕（双葡萄饼）；番葡萄饼；抹佛勒嘶（炸面条）；信不嘶（烘饼）；味乏（威士薄饼）；香料糕；糖皮（二法）
		姜酒；桔汤；假仙品汤（兑橙汁）；磕肥（咖啡）；鸡蛋茶；三花红茶（花红，即苹果）；酒会；抹勒酒（勒酒：烫酒）；知苦辣（巧克力）；鸡菜；封樱桃；封杏；熟桃；封李子、奈子、葡萄等物；封杏与熟桃；
杂类	二十四种	封番柿；盐牛肉猪肉火腿；做火腿法；牛舌头牛腿；哨碎集；洗线衣法；做洗衣胰子（胰子：肥皂）法；做洗脸香胰法；存嫩包米法

附表二 《西国品味求真》所有菜品列表

类目	数目	主要菜品
SOUP	二十二种	好味道汤法（a rich soup）；烧牛肉之骨汤法（roast beef bone soup） 制腿骨汤法（shank soup）；制牛尾汤法（ox tail soup） 制蚝汤法（oyster soup）；制菜汤法（vegetable soup） 制羊肉汤法（mutton soup）；制椰菜汤法（cabbage soup） 心通制汤之法（macoroni soup）；制苡米汤法（barley soup） 制粉丝汤（vermicelli soup）；制米汤（rice soup） 制菜汤法（vegetable purée）；制鸡蛋汤法（egg soup） 制牛奶汤法（milk soup）；制来路黄荳汤法（pea soup） 制春菜汤法（spring vegetable soup）；制快便汤法（soup in haste） 制清汤法（cheap soup）；局炉汤（baked soup） 制鸡汤法（chicken broth）；架厘汤（curry soup）

类目	数目	主要菜品
FISH	二十种	制煮鱼法（boiled fish）；制煎鱼法（to fry fish） 制煎鱼材料法（batter for frying fish）；制煎挞沙鱼法（fried fillets of sole） 制挞沙鱼吉列法（cutlets of sole）；炸挞沙鱼法（fried sole） 制冻鱼法（to dress cold fish）；将熟鱼制为李疏厘法（rissoles of cooked fish） 制鱼饼法（fish ball）；制鱼遐豉法（fish hash） 制结治厘法（fish cake of cold fish）；用醋局鱼法（fish baked in vinegar） 煮大虾法（to boil and serve prawns）；煮蚝最易法（the simplest way of cooking oysters） 制伊士加罗皮蚝法（escaloped oyster）；制蚝面龟法（oyster pie）
FISH	二十种	会蚝法（stewed oysters）；煎蚝法（to fry oyster） 制牛油蟹法（buttered crab） 制煎挞沙鱼法（kedgeree）
MEATS	十八种	制局炉烧肉法（on roasting meat）；制煲肉法（on boiling meat） 制肉汁法（directions for making gravies）；制入材料法（directions for making stuffings, or dressings） 制烧牛肉法（roast beef）；制焙烧牛肉，而食约沙布颠法（Yorkshire pudding with roast beef） 制牛肉扒法（fried beefsteak）；煮新鲜牛脷（boiled fresh tongue） 煮咸牛脷（boiled salt tongue）；制烩牛肉法（stewed beef） 烧羊肉法（roast mutton）；制焰羊髀法（boiled leg of mutton） 制羊头法（sheep's head）；焰火腿法（to boil a ham） 煎火腿法（to fry ham）；制火腿鸡蛋法（ham and eggs） 煎猪肠法（fried sausages）；烟肉及鸡蛋法（bacon and eggs）
MADE –UP DISHES	十种	制湿毕面龟法（shepherd's pie） 制肉啡烈打，即用面料冻肉法（meat fritters） 制牛肉厘，蔬厘法（beef rissole） 制牛肉面龟法（beef steak pie）；制肉遐豉法（meat hash） 制羊肉面龟法（mutton pie plain）；制羊肉虾厘糕法（haricot of mutton） 制羊肉免治法（minced mutton）；制吐咂燕好厘法（toad in the hole） 制虾箕士法（haggis）

类目	数目	主要菜品
POULTRY	十二种	制烧火鸡法（to roast a turkey）；制烧鹅法（to roast a goose） 制烧鸡法（to roast chickens）；制煲鸡法（to boil chickens） 制啡厘架豉鸡法（to fricassee chickens）；制鸡面龟法（chicken pie） 制生菜鸡法（salad chicken）；制烧铁扒鸡法（to broil chicken） 制烧鸭法（to roast ducks）；制烧白鸽法（to roast pigeon） 制白鸽面兜法（pigeon pie①） 烧鹧鸪法（to roast partridges）
VEGET-ABLES	三十一种	制煮荷兰薯法（boiling old potatoes）；制煮新薯仔（boiling new potatoes） 制局薯仔法（baked potatoes）；制梳咂薯仔法（saute potatoes） 制蒸薯仔法（steamed potatoes）；制擦烂薯仔法（mashed potatoes） 制炸薄薯仔法（potato chips）；制炸薯仔片法（fried slices of potatoes） 制薯仔高路技法（potato croquettes）；制煮番薯法（sweet potatoes） 制煮萝卜法（turnips）；制擦烂萝卜法（mashed turnips） 制煮红萝卜法（carrots）；制煮萝卜法（turnips (another way)） 制煮红萝卜法（carrots (another way)）；制煮苋菜或菠菜法（spinach） 制煮椰菜花法（boiled cauliflower）；制葱头法（onion） 制荷兰豆法（peas）；制荳角法（string beans） 制生菜法（salad）；制黄瓜法（cucumbers） 制煮芽菜法（bean sprouts）；制矮瓜法（egg plant） 制焓粟米法（boiled Indian maize）；制煲番薯法（sweet potatoes） 制煮金钱桔法（stewed tomatoes）；制金钱桔片法（sliced tomato） 制局金钱桔法（baked tomatoes）；制煲番瓜法（boiled squash） 焓旱芹菜法（to stew celery）
TASTY DISHES	七种	制通心粉法（macaroni）；制呵薇列蛋法（plain omelet） 制士蓝步鸡蛋法（scrambled eggs）；制煎打浮鸡蛋法（frothed eggs） 制鸟哑时别法（Welsh rabbit）

类目	数目	主要菜品
PASTRY	五十四种	制整面食法（pastry）；制极贵重松面料法（rich puff paste） 常用之好面龟皮法（good plain pie crust）；制平果面龟法（apple pie） 制桃面龟法（peach pie）；制极好缅治面龟法（rich mince meat） 制假肉免治面龟法（mock mince pie）；制巴付法（puffs） 制糖水面龟法（treacle pie）；制整布颠法（directions about pudding）
PASTRY	五十四种	制整面食汁法（pudding sauce）；制面食冻汁法（cold sauce） 制罢啉布颠法，即英人做冬所食者（plum pudding） 制整饭布颠法（plain rice pudding）；制火车布颠法（railway pudding） 制或多厘亚布颠法（Victoria pudding）；制糖水布颠法（treacle pudding） 制罢铃蛮治法（blanc mange）；制吉士打汁佩布颠面或佩别样面食法（custard sauce for blanc mange, or other dish） 制藕粉罢铃蛮治法（arrow root blanc mange）；制吉士打布颠法（custard pudding） 制局吉士打法（baked custard）；制吉士打法（custard） 制糖姜布颠法（preserved ginger pudding）；制杯布颠法（cup puddings） 制红萝卜布颠法（carrot pudding）；制媷豉布颠法 cheese pudding 制黑帽布颠法 black-cap pudding；制蒸藕粉布颠法（steamed arrowroot pudding） 制牛膏布颠法（plain suet pudding）；制吧打布颠法（boiled batter pudding） 制姜饱布颠法（gingerbread pudding）；制雪球布颠法（snow ball pudding） 制暗呢毕布颠法（omnibus pudding）；制孖低罅布颠法（Madeira pudding） 制麦粉布颠法（oatmeal pudding）；制急快布颠法（to make hasty pudding） 制虾箕士法（haggis）；制宾击法（pancake） 制饭和咐法，即格饼是也（rice waffle）；制整啡烈叮之料法（batter for fritters） 制橙啡烈叮法（orange fritters）；制以大喇啡烈叮法（Italian fritters） 制啡烈叮法（plain fritters）；制芝豉啡烈叮法（cheese fritters） 制呵薇列啡烈叮法（omelet fritters）；制蕉啡烈叮法（plantain fritters） 制桃啡烈叮法（peach fritters）；制雪梨或沙梨啡烈叮法（pare fritters2） 制波萝啡烈叮法（pine-apple fritters）；制喇卑厘哦廉法（raspberry cream without cream）

类目	数目	主要菜品
PASTRY	五十四种	制猪膏律嘅廉法（chocolate cream）；制米粉嘅廉法（ground rice cream） 制波萝雪糕法（pine-apple ice cream）；制猪膏律雪糕法（chocolate icecream） 制整饼法（general directions for cakes）；制搽饼之糖料法（plain frosting） 制马架列饼法（margaret cake）；制贫家姜饼法（poor man's gingerbread） 制啜口嘴饼法（kisses）；制高诺饼法（connaught cake） 制梳町饼法（二法）（soda cake）；制椰子滴饼法（cocoa-nut drops） 制椰子石饼仔法（cocoa-nut rock cake）；制椰子雪糕法（cocoa-nut ice） 制牛脷饼法（ladies' fingers）；制骨牌饼法（dominoes） 制针步儿饼法（jumbles）；制姜饼法（ginger cakes） 制细饼仔法（hunting nuts）；制孤轣饼法（crullers） 制姜十纳饼法（ginger snaps）；制雪饼法（snow cake） 制蜜糖饼法（honey cake）；制好味道饼法（a delicate cake） 制石饼法（rock cakes）；制雪饱饼（iced rolls）
CAKES	五十四种	制米粉饼法（rice flour cake）（二法）；制米粉细饼法（small rice cakes） 制啊哋饼法（ladies' cake）；制白饼法（a white cake） 制鸡蛋糕法（sponge cake）；制花旗饼法（American cake） 制茶饼法（tea cakes）；制杯饼法（plain cup cake）（二法） 制火车饼法（railway cake）；制嘅廉饼，此饼乃是极好之饼（cream cake） 制鹅毛饼法（feather cake）；制巴力饼法（Bartlett cake） 制挬歌饼法（Bangor cake）；制饱饼法（loaf cake） 制干葡提子饼法（raisin cake），（二法）；制东饼法，（down east cake） 制哑啊饼法（Allie's cake）；制鸟约杯饼法（New York cup cake） 制料饼法（composition cake）；制磅饼法（pound cake） 制云石饼法（marble cake）；制玻璃杯饼法（tumble cake） 制王后饼法（queen's cakes）；制杏仁饼法（almond cakes） 制糖水饼仔法（treacle cookies）；制醋饼仔法（vinegar cookies） 制糖饼仔法（sugar cookies）

第五章

纸上的洋荤：清末文学中的西餐译写

一、林译饮食名词的语境

二、已稳定的译名

三、不稳定的译名

四、西食汉译的特征

上一章介绍的两本西餐菜谱，是对西餐最直接的翻译和阐释。这些菜谱，因其文体的受众特殊性，流传有限，没有对社会话语形态产生更广大的影响。就翻译而言，真正产生巨大社会影响的，是清末民初的西学翻译与文学翻译。近代中国人要了解学习西方科技、制度和文化，首要任务就是翻译。伴随晚清大量翻译作品，与西方饮食相关的内容，也进入汉语，这构成了西方饮食在中国传播接受的另一途径。

　　众所周知，清末影响最大的两位翻译家是留英出身的严复（1854-1921）和古文家林纾（1852—1924），两位翻译家的共同特点，是以清代流行的汉语文体来翻译西方作品，因此获得广泛好评。严复曾留学英国学习海军技术，精通英文，后来主要精力用于理论和观念方面的作品翻译。林纾不懂外语，却通过与人合作完成大量翻译工作，以文学译作影响了几代读者。比如鲁迅兄弟以汉语文言翻译的《域外小说集》，就缘于林译小说的影响。钱钟书也说："林纾的翻译所起的'媒'的作用，已经是文学史上公认的事实，……我自己就是读了他的翻译而增加学习外国语文的兴趣的。商务印书馆发行的那两小箱《林译小说丛书》是我十一二岁时的大发现，带领我进了一个新天地，一个在《水浒传》《西游记》《聊斋志异》以外另辟的世界。"①

　　林译小说在知识界的流行导致了这样的客观结果：原先残缺观念基础上猜想的、比较抽象的西方，渐渐转变为一个"生活真相"意义上的西方。通过林译小说，现代读者读到的西方日常社会生活情形到底如何？这个"生活真相"既包括林译小说对西方饮食的认知与想象，也呈现在林纾及其合作者对西洋饮食名词和相关情状的翻译中。在林译小说中，影响最大的作品包括《巴黎茶花女遗事》《黑奴吁天录》《迦因小传》《块肉余生述》《拊掌录》《吟边燕语》《贼史》《鲁滨孙漂流记》等。笔者发现，《块肉余生述》②（现通译《大卫·科波菲尔》）中涉及西方饮食名词最多，因此拟以该译作为视点，结合西洋饮食文化进入近代中国的历史情境，来探析林纾对西洋饮食的翻译细节，以此呈现清末民初中西文化碰撞中的一个微观层面。同时，笔者也参阅了林氏之后三位翻译家——董秋斯、张谷若、宋兆霖的译本，③希望通过不同时期译文之间的比照，管窥西方饮食译名在汉语中逐步定型的过程。

---

① 薛绥之、张俊才编：《林纾研究资料》，福建人民出版社 1983 年，第 295 页。

② 本书所引《块肉余生述》内容，初据上海辞书出版社 2013 年版《林纾译著经典》（四卷本）；考虑到可能的版本差异，笔者就相关内容查对了上海商务印书馆的两个版本：1924-1925 年出版的《块肉余生述前编》（上下卷）》，1930 年出版的四卷本《块肉余生述》（林纾、魏易合译的《块肉余生述前编》和《块肉余生述续编》合订重排本），所引内容皆一致。

③ 董秋斯（1899—1969）译本 1958 年初版，本书相关引文皆来自中国人民大学出版社 2004 年再版本；张谷若（1903-1994）译本 1980 年初版，本文相关引文皆来自上海译文出版社 2007 年再版本；宋兆霖（1928-2011）译本 2003 年初版，本书相关引文皆来自译林出版社 2004 年再版。下文对于这三个版本的引用，直接以"董""张""宋"简称。

一、林译饮食名词的语境

林译《块肉余生述》初版于 1908 年。正如本书此前所述，这个时期西餐在中国诸多地方已十分流行。徐珂在《清稗类钞》中描述了上海西餐的发展与盛况："我国之设肆售西餐者，始于上海福州路之一品香……当时人鲜过问，其后渐有趋之者，于是有海天春、一家春、江南春、万丈春、吉祥春等继起……"① 文学作品中，也大量出现相关情节。《官场现形记》（1903 年）第七回"宴洋官中丞娴礼节，办机器司马比匪人"中有这样一个情节，抚院要宴请胶州洋总督，下属想办法找到一个留过洋的翻译拟了一份菜单：

> 清牛汤、炙鲥鱼、冰蚕阿、丁湾羊肉、汉巴德牛排、冻猪脚、橙子冰忌廉、澳洲翠鸟鸡、龟仔芦笋、生菜英腿、加利蛋饭、白浪布丁、滨格、猪古辣冰忌廉、葡萄干、香蕉、咖啡。另外几样酒是：勃兰地、魏司格、红酒、巴德、香槟，外带甜水、咸水。

这份菜单集合了当时颇为时髦的西餐菜品，比如象征着营养和新生活的牛肉汤和牛排。中国传统时鲜鲥鱼用了新式作法——炙烤，而非清蒸。甜品选择也不少，有橙子和巧克力口味的冰淇淋。当然，也根据中国官员的口味对菜单作了调整。接下来，小说对

---

① 徐珂编：《清稗类钞》，上海社会科学院历史研究所集体整理，海南国际新闻出版中心 1996 年，第 2192 页。

宴会有很具体描写，这是近代小说里关于中国人学习西餐礼仪最为细致的呈现：

　　等到各事停当，那时已有巳牌时候。外国人向来是说几点钟便是几点钟，是不要催请的。这日请的十二点钟。等到十一点打过，抚院同来的什么洪大人、梁老爷、林老爷，一齐穿着行装，上来伺候。三荷包便请丁师爷陪着那个翻译在帐房里吃饭，以便调度一切。又歇了两刻钟，果见外国人络续的来了。抚院接着，拉过手，探过帽子，分宾坐下。彼此寒暄了几句，无非翻译传话。少停众客来齐，抚院让他们入席。众人一看签条，各人认定自己的坐位，毫无退让。先上一道汤，众人吃过。抚院便举杯在手，说了些"两国辑睦，彼此要好"的话，由翻译翻了出来。那首席的外国官也照样回答了几句，仍由翻译传给抚院听了。抚院又谢过。举起酒来，一饮而尽。一面说话，一面吃菜，不知不觉，已吃过八九样。后来不晓得上到那样菜，三荷包帮着做主人，一分一分的分派。不知道怎样，一个调羹，一把刀，没有把他夹好，掉了一块在他身上，把簇新的天青外套油了一大块。他心上一急，一个不当心，一只马蹄袖又翻倒了一杯香槟酒。幸亏这桌子上铺着白台毯，那酒跟手收了进去，不至淌到别处。又幸亏这张大菜桌子又长又大，抚院坐在那一头做主人，三荷包坐在这一头打陪，两个隔着很远，没有被抚院瞧见，还是大幸。然后已经把他急的耳朵都发了红了。又约摸有半点多钟，各菜上齐。管家们送上洗嘴的水，用玻璃碗盛着。营务处洪大人一向是大营出身，不知道吃大菜的规矩，当是荷兰水之类，端起碗来喝了一口，嘴里还说："刚才吃的荷兰水，一种是甜的，一种是咸的；这一种想是淡的，然而不及那两样好。"他喝水的时候，众人都不在意，只有外国人瞧着他笑。后来听他如此一说，才知道他把洗嘴的水喝了下去。翻译林老爷拉了他一把袖子，悄悄的同他说："这是洗嘴的水，不好吃的。"他还不服，嘴里说："不是喝的水，为甚么要用这好碗盛呢？"大家晓得他有痰气的，也不同他计较。后来吃到水果，他见大众统通自家拿着刀子削那果子的皮，他也只好自己动手。吃到一半，又一个不当心，手指头上的皮削掉了一大块，弄的各处都是血，慌的他连忙拿手到水碗里去洗，霎时间那半碗的水都变成鲜红的了。众人看了诧异，问他怎的。他又好强，不肯说。又回头低声骂办差的，连水果都不削好了送上来。管家们不敢回嘴。三荷包看着很难为情。少停吃过咖啡，客人络续辞去。主人送客，大家散席。仍旧是丁师爷过来监督着收家伙。[1]

小说对就餐有着细致的描述：在这一张大餐桌上铺着白色台布，上面摆着各种酒杯菜碟调羹刀叉，各就餐者围坐四周。几位大爷一边吃菜、一边喝酒，且有人分菜，吃到后来，还有侍者端上洗手水，虽然洪大人误以为这是"淡的"荷兰水。最后以水果、

[1]　[清]李伯元：《官场现形记》，山东文艺出版社2016年版，第53-54页。

咖啡来结束这一顿饭。

李宝嘉对西餐似较为熟悉，他在《文明小史》（1906年）也写过西餐①。曾朴在《孽海花》（1905-1907）中有非常多关于中国人吃西餐的描写："若英法大餐，则杏花楼、同香楼、一品香、一家春，尚不曾请教过。"小说主人公阳伯请郭掌柜吃西餐，他给郭掌柜点了"番茄牛尾汤、炸板鱼、牛排、出骨鹌鹑、加利鸡饭、勃朗补丁"，给自己点了"葱头汤、煨黄鱼、牛舌、通信粉雀肉、香蕉补丁"。他们的吃法也已颇为西式，"仆欧托着两盘汤、几块面包来。安放好了，阳伯又叫仆欧开了一瓶香槟。郭掌柜一头啃着面包，喝着汤。"②吴趼人续写《红楼梦》的小说《新石头记》于1908年出版，其中一回题目是"尝西菜满腹诧离奇"，专讲几经转世后的贾宝玉，在上海吃西餐的场面。③1910年出版的陆士谔《新中国》，也写到主人公在上海吃"番菜"的场景，其中提到了汇司格（今谓威士忌）、香槟和咖啡。④此外，碧荷馆主人《黄金世界》（1907年）⑤、孙家振1908年出版的《海上繁花梦》⑥等小说里，都描写过主人公吃西餐的场景。张祖翼1914年出版的《清代野记》中，也曾讲过1887年某翰林出国不吃牛肉的掌

---

① ［清］李伯元：《文明小史·活地狱》，郭洪波校点，岳麓书社1998年，第271页。
② ［清］曾朴：《孽海花》，《中国近代文学大系·小说集4》，上海书店出版1992年，第18、199、201页。
③ ［清］吴趼人：《新石头记》，王立言校注，中州古籍出版社1986年，第16-22页。
④ 陆士谔：《新中国》，上海古籍出版社2010年，第68页。
⑤ ［清］碧荷馆主人著，《黄金世界》，《中国近代文学大系·小说集4》，上海书店出版1992年，第578、611页。
⑥ 孙家振：《海上繁华梦》（上），百花洲文艺出版社2011年，第146页。

故①。钱钟书在《围城》中讲述了一件同光体诗人樊增祥的轶事:"我们这位老世伯光绪初年做京官的时候,有人外国回来送给他一罐咖啡,他以为是鼻烟,把鼻孔里的皮都擦破了。"②这些国人初吃西餐时的尴尬、幽默甚至滑稽的情景,反映出19世纪末20世纪初中国社会接受西餐的生动情形。

西方饮食,如何跨越文化和习俗在中国被接受,往往只能"概而论之"。时过境迁,我们只能在历史留下的文本——比如林译小说中,试图还原这种跨越和打破的过程。在其译文中,有许多在当时人看来充满异域风情、甚至非常陌生的西方日常生活场景。比如,英国人天天吃培根、黄油、奶酪、派,要用中文将它们描述出来,对古文家林纾来说亦非易事。一是因为林纾本人不懂外语,得依赖合作者;更重要的是,在当时的汉语体系中存在太多词语"空缺"。语言学家罗曼·雅科布森曾指出:人类一切认知经历及其分类都是可以用某种现有的语言来表述的。一旦出现词语空缺,就可以通过用外来词或外译词、新词等手段来限定和扩大已有术语③。在给《中华大字典》写序言时,林纾表达了"填补空缺"的困难,他建议政府应组织创制新词汇:"鄙意终须广集海内博雅君子,由政府设局,制新名词,择其醇雅可与外国之名词通者,加以界说,以惠学者。则后来译律、译史、译工艺、

① 张祖翼:《清代野记》(初版于1914年),中华书局2007年,第165-166页。
② 钱钟书:《围城》,人民文学出版社1991年,第86页。
③ Jacobson,R., On Linguistic Aspects of Translation, 申雨平编,《西方翻译理论精选》,外语教学与研究出版社2002年,第274页。

生植诸书，可以彼此不相龃龉。"①

　　已有的汉语名词不够用，在翻译西洋饮食时自然也会碰到这样的情况。在《块肉余生述》中，一共涉及65种与饮食相关的名词。可以看到，在林纾的时代，不少西方饮食在汉语中已有稳定译名，同时，由于各种原因，还有更多的西方饮食尚未定型。当然，林纾特殊的翻译方式及其认知的局限，也不可避免地导致了错译，有时甚至错得意味深长。下面我们就从小说中相关译名之稳定与否两个方面展开探讨。

二、已稳定的译名

　　通过《块肉余生述》可以看到，啤酒、咖啡、面包、饼干、布丁等食物的译名已稳固并沿用至今。下面就以林译为中心，对这些名词略作阐发。

　　先说啤酒（beer）。在前几章中，我们已经见识过晚清中国人对它的许多译法，它在《块肉余生述》里也多处出现。比如："巴格司少停，市羊肉啤酒饮食我"，"自计钱有盈余者，则午饭必购面包一辩士……腾以啤酒一杯"②。汉语中早已有"啤酒"这一译名，比如同治十一年（1872年）4月23日的《申报》就有如下信息："啤酒百壶斟不厌"③。当然它也曾有别的译法，比如，

---

① 钱谷融主编：《林琴南书话》，吴俊标校，浙江人民出版社1999年，第123-124页。
② 林纾等译：《林纾译著经典4：块肉余生述》，上海辞书出版社2013年，第57、66页。
③ 转引自熊月之：《异质文化交织下的上海都市生活》，前揭，第186页。

在王韬于 1887 年写毕的旅欧游记中，就称之为"皮酒"[①]；在吴趼人小说《二十年目睹之怪现状》（1903 年始在梁启超主编《新小说》连载）中，也称为皮酒，如"我便拿了一个外国人吃皮酒的玻璃杯出来"[②]。1914 年初版的《民国野史》中又有《罗文干嗜啤酒》一文[③]。可见，林纾翻译此书时"啤酒"一词已被较多使用，无词语"空缺"之难。

再说咖啡(coffee)。《块肉余生述》全书出现咖啡十余次，比如："其中积筒及盆与已旧之茗壶，过时微触肥皂、咖啡、洋烛之臭。""威廉，汝引是童子至咖啡房。"[④] "咖啡"在近代汉语中留下了一些踪迹，在 1716 年编印的《康熙字典》中没有"咖啡"一词，到 1866 年初版的《造洋饭书》中，coffee 则被译为"磕肥"[⑤]。刻印于光绪二年(1876 年)的《海上竹枝词》中，已有这样的诗句："吃过咖啡即散场"[⑥]，说明在彼时是通商口岸的上海，咖啡已进入日常生活。到林纾开始翻译小说的时代，天津、上海等地已有咖啡馆[⑦]。在同时期的晚清小说中，咖啡一词已较常见[⑧]。当然，"咖啡"一词虽已熟用，但当时尚未有清晰的咖啡分类意识。比如林纾将 ready-made coffee 翻译为"已熟"的咖啡，事实上，咖

---

① 王韬：《漫游随录·扶桑游记》，前揭，第 169 页。

② 吴趼人：《二十年目睹之怪现状》，中国画报出版社 2014 年，第 324 页。

③ 许金城、许肇基辑：《民国野史》，云南人民出版社 2003 年，第 199 页。

④ 林纾等译：《林纾译著经典 4：块肉余生述》，前揭，第 9、28 页。

⑤ 《造洋饭书》，邓立、李秀松注释，前揭，第 52 页。

⑥ 顾炳权编著：《上海洋场竹枝词》，上海书店出版社 1996 年，第 191 页。

⑦ 徐珂编：《清稗类钞》，上海社会科学院历史研究所集体整理，前揭，第 2209 页。

⑧ 李伯元：《文明小史》，百花洲文艺出版社 2010 年，108 页；林纾 1922 年印行笔记文学作品《畏庐琐记》中有"邻国咖啡"一则，漓江出版社 2013 年，157 页。

啡一般无生熟之说，ready-made coffee 指的是事先已煮好的咖啡。

再说面包（bread）。面包一词在书中出现频繁。现举三例："即予我面包一片。""俄而迦茵登楼，出少面包、牛奶及肉置于几上。""余二目方注校长，见校长摇首浩叹，而口中尚含面包未咽。"[①] 中国虽然也生产小麦，但并没有制作面包的传统。有研究者曾归纳过面包在中国的大致传播路径：万历年间，著名传教士利玛窦将面包制作技术带入中国；明末清初，汤若望将面包制作技术带入中国沿海一带；19 世纪末，俄国修建东清铁路期间，又将该项技术传到中国东北城市。1858 年，英国人亨利·埃凡在上海创办了埃凡馒头店，出售面包，并陆续增加糖果、汽水等。[②] 但面包一词的定型和广泛运用，可能要晚一些，比如上一章里讲过，1866 年面世的《造洋饭书》依然称面包为馒头。

再说饼干（biscuit）。《块肉余生述》写道："更得一先零饼干，一先零果品"[③]。饼干一词译自 biscuit。在美国英语中，biscuit 指的是一种外硬内软的小面包，cookie 指的是饼干；而在英国英语中，biscuit 的体积更小更薄，分为苏打饼干、曲奇饼干、酥性饼干等。林译"饼干"一词自然指的是英国英语中的 biscuit。在《造洋饭书》中，biscuits 被翻译为饼，比如，唎哒饼（即苏打饼干），酸馒头饼（sour bread biscuits），而 Yorkshire biscuits 则被译为"咸小馒头"。而在波乃耶的书中仅有 cookie，未见 biscuit，他将 cookie 译为饼（糖

---

① 林纾等译：《林纾译著经典 4：块肉余生述》，前揭，第 23、25、51 页。

② 林言椒、何承伟编著：《中外文明同时空：晚清民初 VS 工业革命》，上海锦绣文章出版社 2009 年，第 195 页。

③ 林纾等译：《林纾译著经典 4：块肉余生述》，前揭，第 35 页。

水饼，treacle cookie）或饼仔（醋饼仔，vinegar cookie）。Biscuit 如何从"饼"变为"饼干"，无从考证，但从构词上看，它与"杏干""果干""番薯干"等表达类似。而《造洋饭书》中尝试翻译的 sour bread biscuits 和 Yorkshire biscuits，因更具体，汉语中至今未见固定译法。

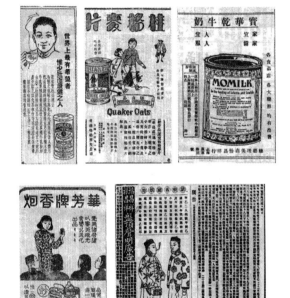

图 5.1　20 世纪，西洋食品更多地进入大众生活，20 世纪初的《大公报》上，刊登过各类西洋食品广告。

再说布丁（pudding）。小说中亦多次出现，比如："行之一日为礼拜六，夫妇延与同饭，席中有猪肉及布丁。""已而少出，擎铃呼佣保人，命作猪腰布丁及虾一盘，备晨餐也。"[①] 布丁在中国的普及程度不及面包咖啡。在《造洋饭书》中，布丁被译为朴定，波乃耶则译为布颠。前章讨论的两本菜谱书中均介绍了多种布丁做法。上一章里曾提及，在《清稗类钞》里，已有"布丁"的词条，并将之与"吾国之糕"类比，足见林译所用"布丁"一词当时已经稳定。[②] "布丁"比"朴定"更流行，最后成为习惯译法，从发音看，似乎是"吴侬软语"在西餐翻译中占据了上风。

以上为《块肉余生述》涉及的一些已有相对稳定汉语译名的西方饮食名词。虽然我们无法考证它们在汉语中"落地生根"之全貌，但在书写文本留下的"语言世界"中，可窥见当时"生活世界"的痕迹，由此想见当时中国人在日常生活中接受西餐的情形。

三、不稳定的译名

当然，我们看到的是更多没有被固定下来饮食译名。通过与后来不同译本中饮食名词的比较发现，这些名词的固定，有的需要几十年功夫，有的至今尚未定型。在此我们以林纾这本小说中涉及的派、麦酒、吐司、潘趣酒、培根、雪利酒等 13 种常见西方饮食名词的翻译为例，来呈现其"不稳定"的情状。下面是对《块肉余生述》中不稳定的西方饮食名词简要统计，为了便于理解和

---

① 同上，第 71、103 页。
② 徐珂编：《清稗类钞》，上海社会科学院历史研究所集体整理，前揭，第 2240 页。

比较，笔者把该书其他三个重要译本的相应翻译和今天的通译都
列在表中。

表 5.1 《块肉余生述》中不稳定的西方饮食名词统计

英文	林纾译	董秋斯译	张谷若译	宋兆霖译	今译
pie	苞馅之饼（或忽略不译）	（鸽肉）馅饼	（鸽子）排	（鸽肉）馅饼	派
toast	面包或焦面包	烤面包条	烤面包	烤面包	吐司
punch	甜酒	加料酒	盆吃酒	潘趣酒	潘趣酒
ale	麦酒 / 爱而	麦酒	麦酒	麦酒	麦酒
bacon	腌肉	腌肉	咸肉	腌肉	培根
sherry	红酒	葡萄酒	雪里酒	雪利酒	雪利酒
butter	牛油（或忽略不译）	奶油	黄油	奶油	黄油 / 奶油
cheese	牛乳油	奶酪	干酪	干酪	奶酪 / 乳酪 / 芝士 / 起司
mashed potato	煮薯蓣	马铃薯糊	土豆泥	土豆泥	土豆泥
dessert	水果	餐后小点	水果	水果甜点	饭后甜点、餐后甜点
lavender water	汽水	香水	欧薄荷香水	薰衣草香水	薰衣草香水
sandwich	面包	夹心面包	三味吃	三明治	三明治
batter pudding	果布丁	巴特布丁	奶蛋布丁	蛋奶布丁	无通译说法

先说 pie。今天看来，上列林、董、张、宋四个译本都不够准确，
这当然是彼时中国人的西餐经验未普及之故。对中国人而言，林、
董、宋采用的"馅饼"一词，在汉语中已有明确所指；而张译"鸽
子排"，不免让人想到"大排"，闻之似肉菜。事实上，pie 多
以面团为底，上铺馅料，做成饼状，而后进烤箱烘培，咸甜皆可。
出烤箱后，面团部分被称为"派皮"（英文为 crust）。由于几位
译者皆不知如何以汉语描述 pie，故面对 crust 时，亦不知如何翻译。

比如，狄更斯原作里有这样一段描述："the pigeon pie was not bad, but it was a delusive pie: the crust being like a disappointing head, ……full of lumps and bumps."[①] 林纾较为写意地翻译了这段话："二鸽既熟，但有首翅，乃不见其胸股，竟无可下咽。"[②] 他直接省略了 pie、crust 等难缠的词。董、张、宋的翻译分别如下：

鸽肉馅饼不坏，不过那是一种徒有其表的饼：那个外壳，……[③]

鸽子排不算坏，但是那却是虚有其名，外层的皮，用脑相学的说法来说，像一个诸事不利的脑袋，满是疙疙瘩瘩的，里面却什么也没有……[④]

鸽肉馅饼倒还不坏，不过那只是一个徒有其表的馅饼了。[⑤]

张译和宋译分别迂回地将它译为"外层的皮"和"徒有其表的馅饼"，这当然不失为一种翻译策略，但毕竟不准确，容易引起汉语读者的混淆。

再说 toast。"吐司"是近十几年的汉语新词。这是常见的面包品种，多为长方形。一般切成片后还要二次加工，放进烤面包

① Charles Dickens，David Copperfield，中国对外翻译出版社 2012 年，第 391 页。
② 林纾等译，《林纾译著经典 4：块肉余生述》，前揭，第 156 页。
③ （英）狄更斯：《大卫·科波菲尔》，董秋斯译，前揭，第 480 页。
④ （英）狄更斯：《大卫·科波菲尔》，张谷若译，前揭，第 453 页。
⑤ （英）狄更斯：《大卫·科波菲尔》，宋兆霖译，前揭，第 502 页。

机（或称吐司炉）里烤至焦香，涂上黄油、果酱等配料后食用。如果说林纾把 toast 称为面包，还略显模糊，不够精确的话，那么他后来改称为焦面包，虽更准确，但并不符合中国人的审美习惯。汉语中虽有"焦香"一说，但把一种食物冠以"焦"来形容，总让人觉得有股"糊味儿"。后来的几位译者称之为烤面包，这当然比"面包""焦面包"更进一步，但所有的面包均需烤制，因此"烤面包"既可指把一个生面团放进烤箱里烤，也可指把切片吐司放进吐司炉里烤，当然，也可指烤好的吐司，但依旧难免歧义。

再说 punch。潘趣酒是一种酒精浓度较低或者不含酒精的饮品，它由多种原料调制成，亦可根据不同原料调制出不同口味，比如苹果潘趣酒、鸡蛋潘趣酒等。它在 17 世纪末由印度传入英国，现已流行全世界，往往是各种派对上最受欢迎的饮品。由于潘趣酒一般都掺有大量果汁，口味酸甜，所以林译之为"甜酒"，可视为意译；但因为"甜酒"在中文中有明确所指——中国许多地区把江米酒称之为甜酒或甜酒酿，跟 punch 不是一回事。董秋斯译之为加料酒，也是另一种意译——加了各种辅料的酒；不过，如果按这个命名逻辑去细究，有不少西洋饮品均可被称为加料酒，因此这一译法也不够妥当。音译潘趣酒，避开了这些混淆的可能。小说中还提到另外一种酒 rum。林译基本"不理"它，而董译似乎也有意忽略 rum，将 rum 笼统译为甜酒，宋译 Rum 译为罗姆酒，已经与现在的译法一致。由此亦可见"西食东渐"过程中，"名至实归"的漫长过程。

再说 ale。常译为麦酒，是啤酒的一种。从前，啤酒和麦酒的差别在于是否有啤酒花。现在，麦酒（ale）中也有啤酒花，它主要指的是用大麦麦芽在室温下酿制、口感略苦的饮品。在《清稗类钞》中，徐珂这样来描述麦酒，"麦酒者，以大麦为主要原料。酿制之酒，又名啤酒，亦称皮酒。"[①] 林纾在《块肉余生述》中，将啤酒和麦酒完全区分开。最为有趣的是，在前半本书中，ale 被译为"麦酒"，但在后半本书中却被译为"爱而"，比如"余为调爱而""老渔但嗜爱而"[②]。

再说 Bacon。现通译为培根。林译中多处涉及。培根是猪肉经腌熏后制成，为三大西式肉制品种之一。从上世纪初的林译作品，到几十年后的其他几个译本，bacon 都被翻译为腌肉或咸肉。

再说 sherry。今天通译为雪利酒，它是葡萄酒的一种，西班牙雪利酒最为有名。据记载，雪利酒在晚清民初传入中国。[③] 早在康熙、雍正年间，荷兰、葡萄牙诸国给清政府的贡品中已包括各色葡萄酒。[④] 到《清稗类钞》中，徐珂已将葡萄酒分为三类，赤葡萄酒、白葡萄酒和甜葡萄酒。而甜葡萄酒"产西班牙，糖分极多，其酒无色透明"[⑤]，笔者估计，徐珂描述的甜葡萄酒很可能就是雪利酒的一种。对比董、张、宋三个译本，汉语雪利酒从红酒中独立出来，也是最近二三十年的事。

再说 butter，今译黄油。林译常常忽略这个词。比如，"有时

① 徐珂编：《清稗类钞》，上海社会科学院历史研究所集体整理，前揭，第 2211 页。

② 林纾等译：《林纾译著经典 4：块肉余生述》，前揭，第 217 页。

③ 参阅林言椒、何承伟编著：《中外文明同时空：晚清民初 VS 工业革命》，前揭，第 195 页。

④ ［清］梁廷枏：《海国四说》，前揭，第 209、228 页。

⑤ 徐珂编：《清稗类钞》，上海社会科学院历史研究所集体整理，前揭，第 2211 页。

囊有余资，则亦买已熟之咖啡，用佐面包"①。"用佐面包"的英文原文为"a slice of bread and butter"②。另外三个译本分别如下：

　　我常买半品脱现成咖啡和一片奶油面包。③

　　我要是口袋里还有钱，我就买半品脱煮好了的咖啡和一片黄油面包。④

　　要是我还有足够的钱，就买半品脱煮好的现成咖啡和一片涂上奶油的面包。⑤

　　也就是说，后来三位译者对如何翻译 butter，仍有不同理解。笔者在一些网络烘焙论坛上发现，不少西餐烘焙学习者还会发帖询问黄油和奶油的差别。根据《中国人民共和国国家标准》规定，butter 的标准称呼为奶油（国标码 GB/T 5415-2008），因此，国产奶油的商标上均统一标注为奶油；但民间往往称之为黄油，而称 cream 为奶油。所谓的"奶油蛋糕"往往就是用这种 cream 制作的。因此在淘宝网以"奶油"为关键词搜索，在前几页的商品往往是各种 cream；而按照国家标准，cream 应被称为"稀奶油"，只是很多商家将其标注为"鲜奶油"。"西食东渐"到今天，"butter"这一使用频率如此高的西餐食材，在中国百姓中，亦没

① 林纾等译：《林纾译著经典 4：块肉余生述》，前揭，第 67 页。
② Charles Dickens, David Copperfield, 前揭，第 151-152 页。
③ （英）狄更斯：《大卫·科波菲尔》，董秋斯译，前揭，第 190 页。
④ （英）狄更斯：《大卫·科波菲尔》，张谷若译，前揭，第 177 页。
⑤ （英）狄更斯：《大卫·科波菲尔》，宋兆霖译，前揭，第 195 页。

有形成一致的译名。有意思的是，林纾有时也将butter翻译为牛油。比如："当更取牛油，或熟两鸡子，或醃肉，咸备。"① 前半句原文为："Would you let me fetch another pat of butter, ma'am?"② 徐志摩在散文里记录他在牛津"吃五点钟茶牛油烤饼"③，他所说的"牛油"，也是butter烤的。黄油用牛奶制作，译为牛油也合理。不过，汉语中牛油有他义，比如重庆特色牛油火锅。

林纾还遇到 cheese 一词，今天被通译为奶酪、乳酪、芝士、起司等。林纾《块肉余生述》将其译为牛乳油："家中舍一丸牛乳油外"④，原文为："With the exception of the heel of a Dutch cheese"⑤，董、张、宋的翻译分别如下：

> 除了一块荷兰奶酪的外壳⑥
> 除了一块荷兰干酪的皮儿以外⑦
> 除了一块荷兰干酪的皮儿外⑧

如今广被使用的"奶酪"一词，并非20世纪的新词。在本书第一章里，我们已经讲到过。中国北方游牧民族生活中奶制品

① 林纾等译：《林纾译著经典4：块肉余生述》，前揭，第187页。
② Charles Dickens, David Copperfield, 前揭，第470页。
③ 徐志摩：《巴黎的鳞爪》，东方出版社2007年，第39页。
④ 林纾等译：《林纾译著经典4：块肉余生述》，前揭，第68页。
⑤ Charles Dickens, David Copperfield, 前揭，第154页。
⑥ （英）狄更斯：《大卫·科波菲尔》，董秋斯译，前揭，第194页。
⑦ （英）狄更斯：《大卫·科波菲尔》，张谷若译，前揭，第180页。
⑧ （英）狄更斯：《大卫·科波菲尔》，宋兆霖译，前揭，第200页。

较多，一些相关汉语文献中有"奶酪"一词；但有意思的是，他们称今日之奶酪为"奶豆腐"，却把奶茶称为"奶酪"①。林纾与他的合作者翻译奶制品的误差或疏漏，多是中原或南方饮食习惯所致。人类学家已经注意到，生活在汉文化中的中国人，没有大量摄入奶制品的习惯。美国人类学家安德森将其原因解释为：大豆的普及能更经济地提供类似的营养成分，而且很多亚洲人有乳糖不耐症②。而英国人类学家杰克·古迪（Jack Goody）则把这一现象归咎于汉文化的有意疏离，"或许汉人是为了与边境的游牧者区别开来，而有意拒绝"③。或许奶制品与中国"正统"生活之间或多或少的疏离，导致林纾在翻译黄油、奶酪之类的词语时，没有现成词汇来应对。

再说 mashed potato。今天通译为"土豆泥"，一般是将土豆煮熟或蒸熟后压成泥状，再加黄油、盐等各种调料制成。土豆泥在中国如今已是常见的西餐菜肴。20 世纪初的林纾将土豆泥翻译为的"煮薯蕷"："吾家炉小，仅能煮薯蕷及炙肉而已，即得鱼，吾亦不复能蒸。"④（原文为："That it was capable of cooking nothing but chops and mashed potatoes."⑤）"煮薯蕷"这一说法不免让人想起水煮马铃薯，在中国不少地区都有这一吃法。董秋斯

---

① 徐珂编：《清稗类钞》，上海社会科学院历史研究所集体整理，前揭，第 2227 页。
② 参阅 E. N. Anderson. Jnr and M. L. Anderson, **Modern China: South**, ed. K. C. Chang, New Haven: Yale University Press. 1977, p. 177.
③ （英）杰克·古迪：《烹饪、菜肴与阶级》，王荣欣、沈南山译，浙江大学出版社 2010 年，第 149 页。
④ 林纾等译：《林纾译著经典 4：块肉余生述》，前揭，第 136 页。
⑤ Charles Dickens, David Copperfield, 前揭，第 339 页。

译为"马铃薯糊"①；至张谷若和宋兆霖，则均译为"土豆泥"②③。

再说 dessert。Dessert 是甜点，准确说是餐后甜点。林纾把"bought a little dessert"④翻译成"买水果"⑤，并不准确；董译为"餐后小食"⑥，却没突出"甜"字；张译为"水果"⑦；而宋译为"水果甜点"⑧。中国人一般无饭后甜点的习惯，因此几位译者都找不到现成对应的词语。

再说 sandwich。今译之为"三明治"。这一名词的稳定，也经历了一个有趣的过程。最初，林纾称它为"面包"⑨，失于笼统；董译为"夹心面包"⑩，没有被大众接受，现在"夹心面包"一词已另有所指；张译为"三味吃"⑪，已把音译和意译较好地结合，但可惜没有流传开来；而宋译为"三明治"⑫，应是采取了广被接受的说法。

最后说 batter。Batter 至今无通译名词，它是一种用鸡蛋、牛奶、面粉等调成的糊状物，不同配方的 batter 可用来制作不同的食物。林译把 batter pudding 称为"果布丁"⑬，似不够准确；董译为巴

① （英）狄更斯：《大卫·科波菲尔》，董秋斯译，前揭，第 418 页。
② （英）狄更斯：《大卫·科波菲尔》，张谷若译，前揭，第 394 页。
③ （英）狄更斯：《大卫·科波菲尔》，宋兆霖译，前揭，第 437 页。
④ Charles Dickens，David Copperfield，前揭，第 340 页。
⑤ 林纾等译：《林纾译著经典 4：块肉余生述》，前揭，第 136 页。
⑥ （英）狄更斯：《大卫·科波菲尔》，董秋斯译，前揭，第 419 页。
⑦ （英）狄更斯：《大卫·科波菲尔》，张谷若译，前揭，第 395 页。
⑧ （英）狄更斯：《大卫·科波菲尔》，宋兆霖译，前揭，第 437 页。
⑨ 林纾等译：《林纾译著经典 4：块肉余生述》，前揭，第 182 页。
⑩ （英）狄更斯：《大卫·科波菲尔》，董秋斯译，前揭，第 566 页。
⑪ （英）狄更斯：《大卫·科波菲尔》，张谷若译，前揭，第 535 页。
⑫ （英）狄更斯：《大卫·科波菲尔》，宋兆霖译，前揭，第 593 页。
⑬ 林纾等译：《林纾译著经典 4：块肉余生述》，前揭，第 29 页。

特布丁①；而张、宋则分别称之为"奶蛋布丁"②和"蛋奶布丁"③。

以上为《块肉余生述》中较为明显的未稳定之西方饮食译名。我们看到，在译名与原文原意之间有一定的距离，译者对西方饮食名词及其背后种种内容的揣度、解释，甚至是误解或错解，都显示了林纾时代中国人对于西方饮食起居情景的理解方式和认知程度，更重要的是，这些不稳定的译名生动地记录了中西方在日常生活层面接触、融通的语言"现场"。时过境迁，它们就是我们借以进入那个时代的日常生活的唯一"现场"存留。

四、西食汉译的特征

通过以上论述和材料疏证，以《块肉余生述》为中心，可以总结出当时西食汉译的三个基本特征。

一是林译的饮食名词，意译比例大于音译。如晚清邱炜萲评价《巴黎茶花女遗事》时所说的，林译擅长"以华人之典料，写欧人之性情"。④但"华人之典料"显然不够用。对照林译之后的三个译本对同一名词的译法，以及现在通行的译名，我们很容易发现，林译《块肉余生述》采用的西方饮食名词，多偏重意译，比如把 pie 译为馅饼，把 punch 译为甜酒等，但意译的直接后果，就是意译词所命名的西餐名词，与它们的汉语原义容易混淆。无

---

① （英）狄更斯：《大卫·科波菲尔》，董秋斯译，前揭，第83页。

② （英）狄更斯：《大卫·科波菲尔》，张谷若译，前揭，第78页。

③ （英）狄更斯：《大卫·科波菲尔》，宋兆霖译，前揭，第84页。

④ 阿英编：《晚清文学丛钞·小说戏曲研究卷》，中华书局1960年，第408页。

论是林纾时代已经稳定下来的译法，还是后来稳定下来的译法，多取音译之径。比如咖啡、布丁、派、潘趣酒、培根、三明治等。这是一个值得注意的现象，它至少可以说明，对于大部分西方饮馔，中国的传统饮食方式和汉语历来的饮食命名系统不能在经验、意义层面与之形成无缝对接。采取音译的办法，反而能够让它们在汉语名字中保持自己的异质性。

二是对日常生活之饮食部分的翻译，可借鉴的语言资源较少。翻阅语言学家编的近代汉语外来词词典，可以发现，关于器物和观念的名词，近代中国知识分子成功地从日语中大规模借用日译的各语种词汇，但在日常生活、饮食起居方面的词汇，似乎借的比较少。[①] 细想也在情理之中，观念层面的词汇，可以作为新思想接受，但接受日常生活层面的词语，需要与生活变化同步。汉语中较早稳定下来的西方饮食名词，意味着它们被接受得更早；而那些至今尚未有固定命名的饮食名词，即使在今日中国人的日常饮食生活中，亦为稀品。因此，林纾时代面临的西方饮食翻译困难，至今依然未得到妥善解决。

三是相较"西学东渐"，"西食东渐"是一个更漫长的过程。"西学东渐"从晚清至民国可谓轰轰烈烈，一波未平一波又起。其实，日常生活中的饮食，人们变革的动力和愿望向来都不大。一个文化或民族最不容易改变的，也许就是饮食习惯。"学"的更新、

---

① 据顾江萍《汉语中的日语借词研究》(上海辞书出版社 2011 年，第 79-86 页) 中的不完全统计，晚清民国期间汉语借自日语的词汇有 1763 个，其中社会科学词汇有 873 个，日常生活类词汇有 522 个，自然科学词汇有 338 个。在顾著统计的日常生活类词汇里，与饮食起居相关的只有 9 个。

变革和传播，历来都可以比较"彻底"，但饮食习惯则较为顽固。1907 年 2 月，清末民初的小说作者我佛山人在《月月小说》上发表了《立宪万岁》，他对西餐在中国流行十分担心。1905 年，清政府"新政"失败。同年七八月，载泽、戴鸿慈、徐世昌、端方、和绍英五大臣被外派赴西方各国考察。次年同月，几位大臣回国，纷纷奏请立宪。1906 年 9 月 1 日，清政府颁发"预备仿行宪政"。这篇小说以此为创作背景。作者并不赞同立宪，小说中所写关于饮食的情节也颇有意思："自从台湾归了日本之后，几十万个灶君，莫不流离失所，穷得十分可怜，跑回内地来，无可托足，往往饿急了，扒到人家灶上窥探，等人家的灶君睡着了，却下去偷冷饭吃。内中只有三四个得着好处的，这三四个跑到上海，查一查，见金隆、宝德、密采里等几家外国饭店是没有灶君的，他们便各据一家，天天吃大菜。剩下那些穷饿的，到了无聊之极时，便设法唆人家弟兄不和。"[①] 因为列强侵略，连灶君都沦落到"吃大菜"的境地，这种担忧，反映出某种普遍心态。总之，随着西方饮食渐渐进入中国日常生活，汉语对其的翻译和命名至今未歇，以林译《块肉余生述》为代表的近代汉语文学，为这一过程画出一张动态路线图，使我们能够微观地理解中国现代化历程的复杂性。

---

① 我佛山人：《我佛山人短篇小说集》，卢叔度辑校，花城出版社 1984 年，第 37-38 页。

第六章

维新、革命与西餐

一、饮食的意义与冲突

二、康有为的"矛盾"

三、"维新"与"化归"

法国传奇政治家和美食家布里亚－萨瓦兰说，"告诉我你吃什么，我就能知道你是什么样的人。"[①]法国人类学家列维·斯特劳斯研究原始部落饮食习俗后，也表达了类似但更具体的观点：饮食习俗和行为中包含着文化观念，吃生或熟、新鲜或腐烂食物与否，既是区分物种的方式，也可能意味着自我与他者之间的不同。[②]也就是说，饮食内容、礼仪形态，烹调方式等各层面的不同，在许多时候被认为是身份认同、社会阶层和文明"高下"的象征。正如布罗代尔所言："知道你吃什么，就能说出你的身份是什么。……食物是每个人社会地位的标识，也是他周围的文明或文化的标识。"[③]对晚清率先接触西餐的中国社会精英来说，西餐被赋予了各种意义，换言之，饮食已成为围绕社会主题展开的话语的一部分。

---

① （法）让·安泰尔姆·布里亚－萨瓦兰：《厨房里的哲学家》，敦一夫、付丽娜译，译林出版社 2013 年，第 6 页。

② （法）克洛德·列维－斯特劳斯：《人类学讲演集》，张毅声、张祖建、杨珊译，中国人民大学出版社 2007 年，第 38-39 页。

③ （法）费尔南·布罗代尔：《15 到 18 世纪的物质文明、经济和资本主义（第一卷）》，前揭，第 81 页。

一、饮食的意义与冲突

吃什么从来就是有"意义"的。中世纪的欧洲，详细规定了哪些食物适合什么人群。比如，白面包、野味、罕见禽类、大型鱼类及外国香料专供贵族；乳制品、大蒜、重口味的根茎类蔬菜、粥和黑面包等适合农民。对此，时人有其"合理"解释。比如一名佛罗伦萨书记员拉普·马泽（Lapo Mazzei）1404年给一位朋友写信，感谢他赠予山鹑，但表示这太奢侈了。当他还是佛罗伦萨官员时，吃山鹑是他的特权，可他现在已经是平民，就不适合再吃山鹑了。文艺复兴时期的欧洲"医学研究"发现，山鹑不适合乡下人食用，上层阶级更能体会山鹑等精致食物的美味，却无法欣赏牛肉和猪肉。意大利厨师马蒂诺曾撰写过一道孔雀菜谱，"如何用羽毛装饰孔雀，使熟孔雀栩栩如生，仿佛从嘴中喷火"，这道菜被收入《论正确的快乐和良好的健康》一书时，附有如此评论：孔雀及类似的鸟类"适合国王与王子们的餐桌，而不适合社会地位低、贫困的人们食用"。[①] 为了强调出身较低的农民不应该吃更高级的食物，中世纪故事中曾有这样的情节：一个富裕的农民迎娶了一位出身资产阶级的姑娘。按照娘家习惯，新婚妻子为他准备了各色精致菜肴，结果他根本消化不了。直到妻子给他豆子、豌豆和蘸了牛奶的面包，他才停止抱怨，开心起来，连日的肠胃不适也烟消云散了。[②]

---

① （美）保罗·弗里德曼主编：《食物：味道的历史》，前揭，第9、173页。
② Paul Freedman, The Peasant Diet: Image and Reality, https://www.uv.es/consum/freedman.pdf.

穷人首先追求吃饱，贵族则追逐丰富、甚至奇特的味道。中世纪后期，欧洲贵族餐桌上的每道菜，常常要放十几种香料。17世纪的法国宫廷举办一次宴请，需要消耗的胡椒、丁香都以公斤计。这些放了大量香料的菜，想来现代人未必爱吃。几百年的时间，人类的味蕾变化如此大吗？当时香料难得，所以价格高昂，胡椒几乎和黄金同价。由于它易保存，不少人以储存黄金的心态来储存胡椒。一次宴会能够拿出几十斤胡椒和其他香料来，满足的不仅是宾主的味蕾，更是主人的面子和虚荣。为获取这些昂贵的香料，欧洲殖民者不远万里奔赴中亚、甚至远东。

当然，这种"奢侈"感，需要共同的文化环境。法国宫廷流行的香料大餐，端给同时代的中国江南雅士张岱或袁枚，估计会被嗤之以鼻。当然，外国人也常常不能理解中国的珍馐。乾隆年间，荷兰使节范百览（1739—1801）曾有幸享用御膳，但他并不觉得荣幸："肉食包括一小块排骨，上面的瘦肉不到半英寸厚，一小块几乎没有肉的肩胛骨；四五块背脊骨，或即一只羊的腿骨，看上去已被啃过。这份恶心的食品都放在一个脏盘里，好像是喂狗，不是给人吃的。在荷兰，最穷的乞丐都会从医院接受一份整洁的食物，而这些却是皇帝恩赐使臣的！甚至多半是帝王吃剩的，在这种情况下，按中国人的看法，食物是浩荡皇恩所赐，因为我们竟有机会吃皇上啃过的肉。"[①]清末，满清贵族用鱼翅燕窝招待外国人，外国人也不觉得是佳肴珍品，反而觉得口感黏糊，甚至有些恶心。小盅蒸炖的鱼翅燕窝，真的比大块的烤牛肉难吃吗？

---

① （英）乔治·马戛尔尼、约翰·巴罗：《马戛尔尼使团使华观感》，前揭，第235页。

这种饮食的冲突，也发生在欧洲不同教派或国家之间。英国著名画家威廉·霍加斯（William Hogarth，1697-1764）有这样一幅画名为《加莱之门》，又名《哦，旧时英格兰的烧牛肉》（*The Gate of Calais, or O, The Roast Beef of Old England*）。加莱是法国北部海滨城市，与英国隔海相望。英法两国历史上曾先后占领过这座城市，所以这里混合着两国的饮食习惯。霍加斯自然要美化英国食物。在画面中心，一个屠夫模样的人抱着一大块牛肉走在街上，引得旁边一个臃肿肥胖的天主教僧侣垂涎。色泽鲜红的牛肉代表健康与活力，如作品标题所示，它象征着英格兰及其民族的性格。在画面左下角，有位法国人在卖鱼。法国鱼贩子卖的，是在英格兰被视为劣等食用鱼的鳐鱼。画家通过表现天主教徒在斋戒期间对牛肉的垂涎，来嘲弄天主教。因为就在这时期，苏格兰的斯图亚特王朝反叛英格兰的汉诺威政权，前者信奉天主教。于是，画家通过食物表达自己立场。另外，画面右下角，一个苏格兰人悲惨地倒在街道上——很长时间以来，因为只能吃法国食物，他已经虚弱地站不起来了。[①] 简言之，这幅画里的食物充满了象征意义。

饮食也包含着不同的世界观和物质观。传统中医认为食物有寒、凉、温、热四性，这种观念也渗透在食物的选择和烹制中。早期西方人对中国吃什么补什么的观念十分迷惑。美国公使馆陆军武官、后来在一战中立下战功的鲍利少校经常到中国各地访问军事长官，他在江西时碰到一位将军，为了鼓舞士气，他豪饮敌

---

① （美）肯尼思·本迪纳：《绘画中的食物》，谭清译，新星出版社 2007 年，第 71-74 页。

人的鲜血。这位将军还给鲍利少校留了一杯，让他在早餐前喝掉这宝贵的饮料。当鲍利少校把这件事告诉当时的美国驻华公使芮恩施（Paul Samuel Reinsch）时，芮恩施将其解释为中国传统观念——"吃什么补什么"，"吃肌肉，可以增长力气，吃肚子可以帮助消化，吃心或喝血可以增强胆气"[1]。喝敌人的血，吃敌人的肉，肯定不是中国传统。但是，在某些极端情景下，可能也发生过。岳飞的《满江红》中有这样的句子，"壮士饥餐胡虏肉，笑谈渴饮匈奴血"。《水浒传》中，吃人挖肝的情节更不少，虽是艺术夸张，但估计也不全是凭空想象。

图 6.1 《加莱之门》，1748 年，油画，威廉·霍加斯，现存于英国泰特美术馆。

---

[1] （美）保罗·S·芮恩施：《一个美国外交官使华记》，李抱宏、盛震溯译，文化艺术出版社 2010 年，第 111 页。

"吃什么补什么"，不是中国文化的专利。从古希腊开始，西方有四元素说，这个观念影响了社会生活的很多方面，延续数千年。中世纪时，欧洲人认为：宇宙由火（热烈干燥）、水（冰冷潮湿）、土（冰冷干燥）和气（热烈潮湿）四种特性各异的元素构成；与此相对，人体是由胆液质、粘液质、黑胆质、血液质四种体液构成。这些元素和体液存在于一切事物中，因此，饮食中也需要冷、热、干、湿的均衡。[1] 迈斯特·席卡尔（Maître Chiquart）撰写菜谱时，就受此影响。席卡尔是意大利萨伏依伯爵阿梅迪奥八世（Amadeus VIII, Duke of Savoy）的主厨，1420年写成了著名的菜谱书《论烹饪》（On Cookery）。席卡尔这样建议主人："既然安排一个如此盛大的筵席，邀请了这么多的尊贵和勇敢的领主，其中难免有几位生病的客人"，因此，宫廷主厨得准备合适的病号饭。其中最特别的是下面的菜谱：阉公鸡剁块，加入金子、珍珠、钻石、红宝石、绿松石、祖母绿、珊瑚、琥珀、水晶等各种宝石一起烹煮，放在一个密封罐里煮，这样鸡肉中饱含了各种金石的能量，非常滋补。[2] 这个做法也符合中世纪的炼金术潮流，当时许多记载中都有类似做法。[3]

吃什么具有象征意义，饮食的姿势、礼仪和餐具也一样代表某种价值观。古罗马贵族在宴会上喜欢侧卧在比椅子略高的靠榻

---

[1] （美）保罗·弗里德曼主编：《食物：味道的历史》，前揭，第 133 页。

[2] Terence Scully, The Art of Cookery in the Middle Ages, Suffolk: The Boydell Press, 1995, p.186、194.

[3] Master Chiquart, Du fait de Cuisine, in "Du fait de cuisine / On Cookery" of Master Chiquart (1420), edited by Terrance Scully, Tempe: Acmrs, 2010, p.107-108.

上，用手抓吃。古罗马人已经用高坐具了，靠背椅、扶手椅应有尽有。现代人难免困惑，为何谈笑风生时高坐在椅子上，宴饮时却移至靠榻？斜躺着吃饭，是否会消化不良？中世纪后期，欧洲人虽不再躺着吃饭，但用手抓吃还是主流。"从许多绘画作品中可以推测出来，1400年到1700年间，人们实际上并不在餐桌上使用叉子，因为它们几乎没有在这段时间的画内出现过，即使有，也少之又少。""进餐前和进餐时，负责切肉的仆人会把肉切成一块一块的，这样就可以直接吃了。如果有必要，进餐者会用他自己的小刀把肉切得更小，或是把不想吃的地方剔掉。甚至喝汤或者吃汤菜时，人们也不是每次都用到汤匙。主人通常都会准备好切片面包或其他吸水的食物，用餐者用它们蘸着菜汤吃，就能轻易地把食物中的汤汁喝下去。"[①]1533年，14岁的凯瑟琳·美第奇从意大利嫁到法国王室后，发现丈夫早有心上人，为挽救婚姻，她想了很多办法。办法之一就是把意大利宫廷最新的进餐习惯带到巴黎，在餐桌上铺好看的桌布，支起烛台，给每个人的面前摆上玻璃杯、刀叉餐具，法国贵族第一次见识到如此时髦的进食方式，纷纷效仿，刀叉才慢慢在法国流行开来。只是，流行的速度很缓慢。一百多年后，路易十四还是用手吃炖鸡（chicken stew），并且禁止在场的勃艮第公爵和他的兄弟们用叉子。[②]清末刀叉刚进入中国时，一度被视为野蛮之物，刀在中国文化中有杀戮之气，吃饭时拿把刀，在许多国人看来十分不吉祥，尤其在生日宴会之类的正式筵席上，

---

① （美）肯尼思·本迪纳：《绘画中的食物》，前揭，第124页。

② Dena Kleiman, De Gustibus; Older Than Forks, Safer Than Knives, in New York Times, Jan17, 1990.

相反，西方人看着中国拿两根小棍子夹东西，也十分鄙夷。随着西方坚船利炮和先进科技文化进入中国，刀叉也逐渐由不入流的"夷俗"之一，变成许多人追捧的"洋派"。

饮食包含着丰富的价值观，饮食冲突背后的价值冲突，也体现在清末国人遭遇西方饮食的过程中。面对西餐，中国人一方面妄自尊大，认为中国饮食天下第一；另一方面，国人也常常把西方的强大与他们的饮食习惯相联系，因此也常把饮食的维新作为维新理想的一部分，甚至赋予西餐过多的"新意"。下文将以康有为等重要维新或革命人士的饮食观念和践行方式为例，分析近代中西饮食价值观念层面的冲突与融合方式。

二、康有为的"矛盾"

康有为（1858-1927）是近代影响深远的维新思想家。在康有为的人生履历中，有一段特殊而漫长的"出逃"岁月。戊戌变法失败后，康有为出逃，先抵日本，继而赴美国和欧洲，在各国游历十六年之久，在同时代人中较为罕见。对这段经历，他具有一种"神农尝百草"般的使命感：

> 夫中国之圆首方足，以五万万计，才哲如林，而闭处内地，不能穷天地之大观。若我之游踪者，殆未有焉。而独生康有为于不先不后之时，不贵不贱之地，巧纵其足迹、目力、心思，使遍大地，岂有所私而得天幸哉？天其或哀中国之病，

而思有以药而寿之耶？其将令其揽万国之华实，考其性质色味，别其良楛，察其宜否，制以为方，采以为药，使中国服食之而不误于医耶？则必择一耐苦不死之神农，使之遍尝百草，而后神方大药可成，而沉疴乃可起耶？则是天纵之远游者，乃天责之大任，则又既惶既恐，以忧以惧，虑其弱而不胜也。[①]

从康有为的游记看，他十分享受"流亡"旅行，对西方历史遗迹、自然风光、科技军事和政治制度等都浓墨重彩地加以描写。正如萧公权注意到的，康有为身上有"对生命的一种欢乐感"，他对人性也有一种"享乐主义式的解释"。[②] 当然，作为一个身处家国危难的知识分子，有"圣人"情结的读书人，他从远游的享受中，总不忘回过头来思考中国的问题。或许，以华美的辞章来表达自己对中国乃至人类问题的思考，对他来说也许是另一种"享乐"。康有为对西方饮食及其习俗的描述中，也具有以上两个层面的内容：一方面是对饮食本身的品赏，同时也不忘与饮食相关的家国之忧。

康有为1904年写的《德国游记》中，对慕尼黑啤酒赞不绝口，在近人关于啤酒的品赏描述文字里恐怕没有谁能超过康有为：

᳐猫匿之啤酒名天下。吾遍饮欧美各国之啤酒矣，皆略

---

① 康有为：《西班牙等国游记》，钟叔河、曾德明、杨云辉主编，岳麓书社 2016 年，第 7 页。

② （美）萧公权：《近代中国与新世界：康有为变法与大同思想研究》，汪荣祖译，江苏人民出版社 2007 年，第 21 页。

有苦味，不宜于喉胃，惟猫匿之啤酒入喉如甘露，沁人心脾，别有趣味。德国人人无有不饮啤者，其饮啤之玻杯奇大如碗，圆径三四寸，有高八寸而圆径二寸，初视骇人全欧美所无也。入德国之食馆，若不饮酒则多取一马克，故无人不饮酒。吾生平不饮酒，至德而日饮，吾惟饮猫匿啤酒。经半月后游比、荷而还英，不复见此大玻杯，犹日觅猫匿啤酒。每至食厅，辄思猫匿啤酒，不一饮之则喉格格索然。罗昌曰，先生此番破酒戒矣。为大笑。故猫匿啤酒真为天下第一。凡美国遍地啤酒厂，皆延猫匿人作工也。德人面常红壮端丰，身肥伟，市多醉人，行步倚倾。英人笑德人为酒累，然英人之饮喔士竭，其醉祸烈于德人多矣。吾国人面黄瘦枯槁，而德人颜如渥丹，仪表壮伟冠天下，则啤酒之功之赐也。适足为吾国人医黄瘦枯槁之病，啤酒最宜于吾国人者也。凡他酒皆醉人甚剧，而生祸患甚烈，惟啤酒凉如冰雪，醉人醺醺而不烈，于养颜致肥伟最宜。然则吾国人不可不饮啤酒而自制之，制啤酒不可不师猫匿，不可不延猫匿入。①

因为对慕尼黑啤酒的钟爱，康氏对德国啤酒的生产概况和酒俗也颇有留意：

德人以好啤酒名，制麦酒亦最有名，酒场二万五千，岁酿千四百万樽，费麦九十六万吨，每吨可造酒二十五樽，

---

① 康有为：《德意志等国游记》，岳麓书社 2016 年，第 11-12 页。

普十之六，巴威十之三，平均每人饮二十加伦，天下皆谓德
人好酒然英人均计人三十加伦，尚过于德也。吾游柏林道上
行人多有醉气，而英则不然，大概英人富，普国人皆饮而不
聚于伦敦，故不甚以醉名，德之乡人醉少，不如都人之甚，
故德人尤以好酒名耶。①

图 6.2　德国啤酒世界闻名，慕尼黑的啤酒文化尤甚，每年十月举办
的慕尼黑啤酒节是全世界最大的啤酒节。此图为首届慕尼黑啤酒节，
1810 年，为了德国路德维希王子结婚，举办这一活动，延续至今，
已成为慕尼黑一年中最盛大的活动。

　　康有为自称，由于慕尼黑啤酒之美味而破了酒戒。这似乎是
一种文人对嗜好的戏剧化描写，如果把这段描写放在中国古代文
人小品文中，也是非常有特色的作品。但笔者在此更关心康有为
由此展开的发挥。身为维新思想家，他发现，爱喝啤酒的德国人"红
壮端丰，身肥伟"，故将其认定为爱喝啤酒之故，遂发挥到家国
之忧的主题上来，"吾国人面黄瘦枯槁，而德人颜如渥丹，仪表

①　同上，第 82 页。

壮伟冠天下，则啤酒之功之赐也。适足为吾国人医黄瘦枯槁之病，啤酒最宜于吾国人者也。" 这种推理逻辑今天看来固然可笑，却也隐含了一种新的饮食观念，"维新"可能不止于科技、军事和政治制度等，也包含饮食习惯的"维新"，按康有为的话说，"吾国人不可不饮啤酒而自制之。"喝啤酒强身健体，提高国民素质，更重要的是，得学习德国啤酒技术，实现国产化。

但康有为"维新"饮食的动力当真那么强烈吗？未必。引德国啤酒进中国，促进国民强身健体的想法，也许只是一时快言快语而已。康有为素以文采斐然、浩浩荡荡不能自已著称。在1904年撰写成的《丹墨游记》（作者按：丹墨即丹麦）中，康有为有一段关于中西饮食比较的有趣谈论：

车中遇丹人祁罗佛者，昔商北京三十年，曾与购物，今既富而归，犹能操北京语，招待极殷勤，预招往宴馔，曰："游我欧土，食则无可食矣，惟观则可观。"二语真道尽。吾遍游欧美各国，穷极其客舍、食馆、贵家之饮馔，皆欧土第一等者，皆不能烹饪调味。每日出游甚乐，及饥归而就食，则不能下咽，冷鱼干菜，几不能饱。虽两年来日以客舍、汽车、汽舟为家，习之既久，而仍不能下咽。记昔在日本，其文部大臣犬养毅请食，曰："贵国乞丐之食，亦比我日本为优。"虽出逊词，而吾国饮馔之精实冠大地。[①]

---

① 康有为：《德意志等国游记》，前揭，第194页。

康有为遇到的这位丹麦"中国通"的观点，击中了他游历欧美多年的隐痛："可观而无可食"，再无第二种像慕尼黑啤酒那样美味的东西了。他由此想起日本人犬养毅对中国食物的溢美，最后得出的结论是："吾国饮馔之精实冠大地。"一个人的味觉判断，大多基于记忆与情感，长期的异国旅行，激起了康有为的味觉乡愁。既然认定"吾国饮馔之精实冠大地"，就可以此为判断天下饮食的标准。比如在康有为看来，法餐作为西餐的翘楚，特别像中国菜：

　　　　吾食于巴黎大客店及一二食店，酒馔价奇贵。在巴黎店吾以三人午食四品，一蒸双鱼，一白笋条，一鸡汤，一鸡与茶及红菩提酒，在中国乃常食之俭者，吾以百佛郎银纸与之，仅余二佛郎余盖取费九十七余佛郎也，遂尽以二佛郎余与为赏费。若复日夜食，若加饮三边，则不知取费至几何。吾行遍大地，未尝见此，令人骇绝。若旅费稍少，候汇数日，则不知所糜若干矣。吾夕食于外间酒店，食仅三品，亦取费五十余佛郎，然馔良美，极似中国。巴黎店馔尤精，双鱼尤妙似中国，诚甲于欧土。法京巴黎，号称美馔，然吾累食于克兰大客舍及诸酒店，未能比之，不论余国也，饮食第一诚然。①

　　我们猜不出康氏所列的菜单"一蒸双鱼，一白笋条，一鸡汤，

---

① 康有为：《西班牙等国游记》，前揭，第10页。

一鸡与茶及红菩提酒"中具体所指何菜，但对欧洲"冷鱼干胾"腹诽已久的康有为，耗费一百法郎吃了顿法国菜，得出的结论是法餐"极似中国"。把"葡萄酒"别致地译为"菩提酒"，也算是对法餐的另一种赞美。对法国菜"极似中国"的直觉，激发了康有为的考据癖，在稍后的西班牙游记里，他再次论及餐饮问题：

　　惟烹调颇美，能合数味为之，甚似中国。班、葡皆然，直有过于法焉。不知班师法耶？法师班耶？以文明之先后考之，班先觅新地，先开文明，法在其后。吾游遍大地，惟中国烹饪冠绝万国，大地各国皆不得其术，法国何以能产此，计必自葡萄牙得澳门而传中国饮食之法。明正德时葡租澳门，在西十五纪中，法未大开化也。葡、班语言种俗多同，皆同时辟新地而好异。自葡传中国烹饪法于班，班、法交通至多，路易十四之孙又为班王，因以传中国烹饪之术于法。时法方强大汰侈，思以嗜欲诱诸侯而合之于华赊喇及巴黎，故烹饪事讲求。而以未用切法，故不得不因其旧俗，大而加之味焉，遂为今日欧洲烹饪之祖。吾观班、法之切卵为四块，又食生菜与其他调味，多类中国。葡人好茶，呼茶为茶本音，其饮食之味又同中国，故可推而得其祖所自出。吾常谓中国饮食之美，必混地球，今益信也。葡、班饮食本美，今欧美人盛称法，而不大称班、葡者，以国弱不显故耳。[1]

---

① 康有为：《西班牙等国游记》，前揭，第22页。

在此前的论述里，他对中西餐饮异同和高下的认知，基本是一种感性认知；而在西班牙游记里，他的认知上升到了理性和学术考证的层面。他认为，法餐师自西班牙，西班牙师自葡萄牙，而葡萄牙的烹饪法，则学自中国饮食之法，而且摆出了各种可能的证据。到葡萄牙之后，他愈发相信自己的推断，在1907年2月作的《葡萄牙游记》里，康有为以更长的篇幅，细致论述了葡萄牙、西班牙和法国的饮馔源于中国的观点：

食馔甚佳，颇能调味，略似中国。呼茶音为查，亦粤音也。吾遍游欧美十余国，久居五年，食馔之佳以葡为最，而班亦伯仲。葡、班乡曲小食馆烹饪亦皆有味能食，若英、美大国，虽上等馆子，日食万钱，几难下咽。吾非何曾，又居欧美久，尚不能食，凡中国人士初来者，尤难矣。美本后起勿论，欧人能作宫室、器用，而不解饮食，若印度食，则更不可近，南洋各夷益不足道，盖全地之大，真惟中国人能知饮食，能调味耳。盖必大国而当大陆之地，乃能兼备百珍。印度大矣，而教主之忌讳戒禁甚多，则不能善用品物。欧人奋中世黑暗，侯国日争，隔垠不通，故不能兼陈水陆之珍。我国一统既久，承平又多，盖自周时八珍之馔已极精矣，酱豆笾至百二十，品物日多，后益增加，宜其用宏取精冠绝全球也。欧美人最称法国馔，其调饪亦间有味，似中国。然欧人向不解食，法人亦何能创造。及游班，则班之馔馆、客舍随意皆佳，远过于法，即聂尔草昧之墨，其食馔亦复大佳，则自班移植而来，故远胜于美、英也。凡文明之物必有自来，不能以一国尽创之。及游葡京，馔益佳，益近中国，而后尽得其故也。盖葡当明正德时已有澳门，正当西十五纪，时全欧草昧，文明未启。法之巴黎，莽莽小岛，仅十数万人。是时西开美陆，东辟远东，首作绝地天通之大业，皆葡、班两国为之。全欧之货皆自理斯本、马得理输出，地球新知识皆自葡、班人以海舶载来，法犹文明未启也。至路易十三，相黎塞留乃渐收王权，路易十四乃成霸业，则在十六纪时矣。路易十四穷奢极，欲以柔术收诸侯，乃始穷声色饮食之欲，及强立其孙王班，法人入班者，多食班之食而美之，乃始效班人烹饪之法而移植于巴黎。路易十四享国七十余年，计班食入法当在十八纪耳。英则十六纪以列沙伯时尚用手食，未解刀叉，况能调味哉？益不足与于斯。法后饮食日精，又以拿破仑混一全欧，移风各国，大餐美馆必请法厨，于时数典忘祖，欧美人称食者，动曰法人，而不知其本原出于班也。若夫班效于葡，葡人移植于澳门，澳门近师于粤城，祖所自出，益为茫昧而难知，亦何怪焉。然试观美国芝加高中国酒楼乎，自李鸿章游美后，有"李鸿章杂碎"之售，不三年而酒楼二百家岿然于蕞尔之芝市矣。美人之饮食有同嗜焉。岂得不然，故一问葡、班与法孰为先开文明，孰为先通海外，孰为先交中国，则移植次第秩然可以逆推。然则今欧美人一饮一啄，醰醰有味，皆我国之所贻，用以报铁路、轮船、电线之功，交相酬报，不为薄矣。夫美者，人情之所同趋也，故敢断然曰，大地饮食必全效中国，葡为嗣子，班为文孙，墨、法为曾、玄，而各国皆吾云、来也。人莫不饮食，人以饮食为大举，中国关系地球之大事，嘉惠普天同胞之口腹，饮食乎，功最大矣！①

康有为的论证逻辑十分值得细说。首先是葡汉谐音："呼茶音为查"；其次是"欧人奋中世黑暗，侯国日争，隔垠不通，故不能兼陈水陆之珍"。相反，"我国一统既久，承平又多，盖自周时八珍之馔已极精矣，酱豆笾至百二十，品物日多，后益增加，宜其用宏取精冠绝全球也"。传播的过程更是梳理得十分"清楚"：从广东、澳门到葡萄牙，再进入法国及欧洲各国。以"李鸿章杂碎"在美国芝加哥的流行，作为欧美嗜好中餐的旁证，更是近乎荒诞。到文末，一种自豪感在康有为心中油然而生："今欧美人一饮一啄，醰醰有味，皆我国之所贻，用以报铁路、轮船、电线之功，交相酬报，不为薄矣。"中国以"冠绝万国"的饮食，来换取欧美各种先进技术，在康有为看来，十分值得自豪。康有为最著名的弟子梁启超对老师的评价，也可以用来评价康有为上述论证逻辑："先生最富于自信力之人也。其所执主义，无论何人，不能摇动之。于学术亦然，于治事亦然，不肯迁就主义以徇事物，而每熔取事物以佐其主义，常有六经皆我注脚、群山皆其仆从之概。"②关于西餐的起源，一般认为，现代西餐最早起源于文艺复兴时期

---

① 康有为：《西班牙等国游记》，前揭，第 98-100 页。
② 梁启超：《梁启超全集》，北京出版社 1999 年，第 497 页。

的意大利，而非康有为认为的葡萄牙。意大利美第奇家族的凯瑟琳公主嫁给亨利二世，改变了法国宫廷的饮食习俗，这是西餐历史的一大转折点，由此也逐渐影响了欧洲的餐饮内容与习俗。

康有为既然认为中国饮食天下第一，那么在他去世前也没能全稿面世的《大同书》里所写的大同世界，是不是应该推行中国饮食呢？据学术界的研究，康有为《大同书》最早开始酝酿于19世纪80年代，戊戌变法失败，康有为流亡海外，1902年在印度槟榔屿和大吉岭居住期间写成初稿，此后由于清帝退位、民国建立等一系列的历史剧变与更迭，书中许多描述、推断和预测可能已经无效，所以迟至1913年，作者才发表了其中一部分。1935年，作者去世后的第七年，《大同书》全稿正式出版面世。虽然出版的《大同书》可能依然不是定稿，但其中的思考应是康有为多次增删修改、深思熟虑而形成的。其中关于"大同之世"的饮食设想如下：

　　大同之世，只有公所、旅店，更无私室。故其饮食列座万千，日日皆如无遮大会，亦有机器递入私室，听人所乐。其食品听人择取而给其费。大同之世无奴仆，一切皆以机器代之，以机器为鸟兽之形而传递饮食之器。私室则各有电话，传之公厨，即可飞递。或于食桌下为机，自厨输运至于桌中，穹窿忽上，安于桌面，则机复合，抚桌之机，即复开合运送去来。食堂四壁皆置突画，人物如生，音乐交作则，人物歌舞，用以侑食，其歌舞皆吉祥善事，以导迎善气。

   大同之世，饮食日精，渐取精华而弃糟粕，当有新制，令食品皆作精汁，如药水焉。取精汁之时，凡血精皆不走漏，以备养生，以其流质锁流至易，故食日多而体日健。其水皆用蒸气者，其精汁多和以乐魂之品，似印度麻及酒，而于人体无损，惟加醉乐。故其时食品只用各种精汁汽水生果而已，故人愈寿。

   大同之世，新制日出，则有能代肉品之精华而大益相同者，至是，则可不食鸟兽之肉而至仁成矣。兽与人同本而至亲，首戒食之，次渐戒食鸟，次渐戒食鱼焉。虫鱼与人最疏，又最愚，故在可食之列，然以有知而痛苦也，故终戒之。盖天之生物，人物皆为同气，故众生皆为平等。人以其狡智，以强凌弱，乃以食鸟兽之肉为宜然。徒以太古之始，自营为先，故保同类而戕异类乃不得已，然实背天理也。婆罗门及佛法首创戒杀，实为至仁，但国争未了，人犹相食，何能逾级而爱及鸟兽？实未能行也。若大同之世，次第渐平，制作日新，当有代者，到此时岂可复以强凌弱、食我同气哉！是时则全世界当戒杀，乃为大平等。故食兽肉之时，太平之据乱世也；戒食鸟兽肉之时，太平之升平世也；戒食虫鱼之时，则卵生、胎生、湿生皆熙熙矣，众生平等，太平世之太平世也。始于男女平等，终于众生平等，必至是而吾爱愿始毕。

   草木亦有血者也，其白浆即是，然则戒食之乎？则不可也。夫吾人之仁也，皆由其智出也，若吾无知，吾亦不仁；故手足麻木者谓之不仁，实不知也。故仁之所推，以知为断。

鸟兽有知之物也，其杀之知痛苦也，故用吾之仁，哀怜而不杀之；草木无知之物也，杀之而不知痛苦也，彼既无知，吾亦无所用其仁，无所哀怜也，故不必戒杀。且若并草木而戒杀，则人将立死，可三日而成为芜榛之世界，野兽磨牙吮血，遍于全地，又须经数千万年变化惨苦而后成文明，岂可徇无知之草木而断吾大同文明之人种哉！故草木可食。①

由上观之，在康有为的大同之世里，饮食的生产和食用过程，已经高度自动化。此前被他褒贬的食物习惯和品类，都已经被淘汰。人类已经不再食用一切动物，而发明出替代肉食的食品，由此而成"至仁"，由于"草木"属于"麻木不仁"的物类，继续被作为人类的食物。这种观念与今日的环保主义者颇为相像。最值得说的，是在"大同之世"，人类"只用各种精汁汽水生果"为食物，精汁、汽水，按今日的话说，即全能饮料，生果是否就是各种植物的果实？作者未有具体说明。吃饭时的氛围很重要，有虚拟音乐歌舞助兴："食堂四壁皆置突画，人物如生，音乐交作则人物歌舞，用以侑食，其歌舞皆吉祥善事，以导迎善气。"最有意思的是，"精汁汽水"要"和以乐魂之品"，喝起来"似印度麻及酒，而于人体无损，惟加醉乐"。把喝饮料带来的灵魂愉悦的感觉，与吸食印度大麻类比，是一件特别有意思的事情。康有为曾在印度居住，对此应有直观认知。19世纪到20世纪初，许多欧洲浪漫主义诗人艺术家也曾迷恋大麻，把吸食大麻的感觉，

———————————
① 康有为：《大同书》，上海古籍出版社 2014 年，第 236-237 页。

与天堂幻觉联系起来。比如法国诗人波德莱尔，就写过与大麻主题相关的作品。从嗜好德国慕尼黑啤酒，到论证天下美食中国第一，再到上述关于"大同之世"的饮食想象，我们可以看到康有为西餐观念的变化过程，也可以看到他的饮食观念与当时世界风气之间的或显或隐的相关性。

三、"维新"与"化归"

康有为把喝德国啤酒与改善国民身体素质联系起来，是当时饮食"维新"的老路子，以"精汁汽水"作为主食的"大同"理想，可视为"维新"的极致。把饮食作为"维新"的内容之一，在近现代中国的饮食话语中并不少见。19世纪末到20世纪初，随着中国各界"维新"和"革命"思潮的兴起，许多启蒙者和革命者把接受西餐与富国强兵的梦想联系起来，接受西餐成了维新或革命的象征。[①] 梁启超把西餐视为"西学"，他是最先将西餐菜谱编入西学书目者。在其1896年出版的《西学书目表》中，他将《造洋饭书》和《西法菜谱》列入其中。不过梁氏不认为西餐很重要，只是把它们列在下卷"杂类"的"无可归类之书"中，也没有写清楚作者、出版社等信息。

西方饮食是"维新"的内容，可是，要不要接受这关乎国计民生的"新"，意见并不统一。有竭力推崇者，"故饮食一事，

---

① 李伯元：《文明小史》，百花洲文艺出版社2010年，108页；书中所说牛肉，特指牛排。

实有关民生国计也。……吾国人苟能与欧美人同一食品，自不患无强盛之一日。"① 李伯元小说《文明小史》第十八回中，主人公如是说："老同学！亏你是个讲新学的，连个牛肉都不吃，岂不惹维新朋友笑话你么？"樊增祥可能是较早以咖啡入诗的人。他曾在《啜茶》一诗中表达了对咖啡进入中国日常生活的担忧："甘露称兄笑米颠，无人来共竹炉闲。茶神夜泣清明雨，半乳咖啡满山间。"② 樊增祥担心咖啡可能会取代茶，而茶自然是中国本土生活和文化习俗的象征。有趣的是，樊氏对"半乳咖啡满山间"的担心，在维新志士郑观应的维新设计里，获得戏剧性呼应。

近代维新思想家、实业家郑观应的维新理念比较务实，比如他曾专门论及西方女子学校中的烹调专业："地方上管理教育之官员，须专为聋瞽幼童及贫寒子女设立各种学堂。有为女子所设之专科烹调、洗衣、治牛乳、制酪等术，为男子所设之专科手技、治园等艺。"③ 相比许多人，他对西餐的态度十分理性，并从中国饮食观念的角度奉劝世人，不必盲目跟从西风：

> 🍵饮食。餐有定时，食毋过饱。无论膏粱之美，藜藿之粗，悦于心而适于口者，固无所谓禁忌，惟常食八分以留余味，庶使胸腹通灵，胃气不败，应酬宴会，俱守此意。饮食之节，即在于此。若不论其味之美恶，其性之善否，而以好奇心胜，勉强尝试，如吃番菜、食野味，不顾品物之生熟，胃纳之宜

① 徐珂编：《清稗类钞》，上海社会科学院历史研究所集体整理，前揭，第2179页。
② 蔡镇楚：《中国品茶诗话》，湖南师范大学出版社2004年，第174页。
③ 郑观应：《郑观应集》（下），夏东元编，上海人民出版社1988年，第235页。

否，满口大嚼，以鸣得意；或餐毕之后进以水果，饮以咖啡，以谓助消化、益卫生，知其然而不知其所以然，此崇拜欧风太过而自视性命如儿戏，何其愚耶！又五味须和调而后食之无害。①

郑观应的态度很"科学"，他对国人不"科学"地狂啖"番菜"，学西人饭后吃水果、喝咖啡等"欧风"，"视性命为儿戏"的"愚"行持批判态度。另一方面，由于郑观应长期关注实业救国，与洋务派实业家接触较多，因此，他非常担心，西方饮食作为洋货充斥中国可能产生的恶果，这种担心与樊增祥不谋而合。他谈到输入中国的洋货名目繁多，五花八门，其中包括：

洋药水、药丸、药粉、洋烟丝、吕宋烟、夏湾拿烟、俄国美国纸卷烟、鼻烟、洋酒、火腿、洋肉脯、洋饼饵、洋糖、洋盐、洋果干、洋水果、咖啡，其零星莫可指名者尤夥。此食物之凡为我害者也。洋布之外，又有洋绸、洋缎、洋呢、洋羽毛、洋漳绒、洋羽纱、洋被、洋毡、洋手巾、洋花边、洋纽扣、洋针、洋线、洋伞洋灯、洋纸、洋钉、洋画、洋笔、洋墨水……以上各种类皆畅行各口，销入内地。人置家备，弃旧翻新，耗我钱财，何可悉数！②

---

① 郑观应：《致许君奏云述戚君有之卫生论》，《郑观应集》（下），夏东元编，上海人民出版社1988年，第1232页。
② 郑观应：《郑观应集》（下），夏东元编，上海人民出版社1982年，第587页。

基于这种担忧，郑观应制定出"反制"计划，他给当时的两广总督张之洞上书建议，在海南岛全面种咖啡，作出口西洋之用：

> 🌸……以中国之所产夺外国之利权，何乐不为？至其高早之地，则种植咖啡，俟其收成，输税运出各港发售。考外国洋人饮食咖啡与糖面为日用所必需，虽外洋种植繁滋，仍不足用。而种咖啡之法，其初年则绕树离离，逾年则积实累累，年愈久则实愈多，其利愈大。无所用其培植亦无所用其人工得南方之熟度而发生最良。于收结之时妇稚皆可采摘。琼地素不产茶，植此一物可抵茶之一端，而其工较植茶尤易其利较茶为数倍。①

郑当时提出海南岛种咖啡的产业理想，确有前瞻性。这个设想放到近代中西贸易史中考察，很有意思。中国历来以茶叶、丝绸等的出口占据贸易优势，这种优势在鸦片战争后被打破。本书绪论中曾讲述过，欧洲纺纱织布工业的兴起，西方在世界各地茶叶种植园的扩大，让近代中国的主要经济产业受挫。郑观应在中国南方和南洋地区作过考察，应熟悉相关产业，他在海南岛垦殖咖啡种植园的设想，背后有很深的考虑。

海南因天然的地理优势，是中国较早种植咖啡的地区。1898年，从马来西亚回到海南文昌老家的邝世连带回一些咖啡种子，

---

① 郑观应：《上粤督张香涛制府并倪豹岑中丞拟抚琼黎暨开通黎峒山川道路节略光绪甲申年》，《郑观应集》（下），夏东元编，上海人民出版社 1988 年，第 499 页。

并种活了 12 株。这应该是海南岛最早的咖啡树。据台湾学者苏云峰考证，清朝宣统年间，琼侨借鉴南洋经验开始上规模地种植咖啡。1908 年，两个琼侨创办的公司从马来西亚和印度尼西亚引进咖啡种子后，在琼海县等地大面积种植，取得初步成功后继续向文昌、万宁、保亭、三亚等地推广。只是，这些种植规模远未及郑观应的设想。直到 1952 年，海南岛上只有 400 多亩咖啡。[①]

郑观应不赞同中国人盲目追捧西餐，却提议发展西餐相关的产业，这也是"以夷制夷"的思路。这种可以容忍的分裂感，也出现在袁世凯称帝过程中。袁世凯任大总统，到复辟称帝，这被认为是传统与现代交替过程中十分戏剧化的政治反复，反映出传统中国与现代世界之间的兼容之难。这种矛盾也体现在袁世凯就职过程的餐饮细节中。1913 年 10 月 10 日，袁世凯正式就任大总统。11 月 26 日，袁大总统发了一个告示，宣布"全体中国人民率循孔道奉为至圣"。虽然他没有把孔孟之道封为国教，但命令恢复祭祀的仪式和两年举行祀孔一次。到 12 月底，他又宣布："本大总统决定于冬至日举行祭天。"此时，社会上下已经议论纷纷。出生于澳大利亚的苏格兰人莫里循（George Ernest Morrison）曾任英国《泰晤士报》首位驻华记者，也是民国总统的政治顾问。据他回忆，1913 年 10 月 10 日，包括莫里循在内的一群外交官站在太和殿上观礼，见证袁世凯就职。意大利外交官 Daniele Vare 认为，袁世凯并不避讳帝制最适合中国。来自汉口的英国总领事务谨顺（William Henry Wilkinson）很好奇，袁世凯是打算成为中国

---

① 陈德新：《中国咖啡史》，科学出版社 2017 年，第 116-122 页。

的拿破仑三世还是华盛顿？在就职典礼之后的宴会上，有上好的鸡鸭鱼肉，有上好的燕窝，也有咖啡。[1] 在大总统与孔孟之道交错、燕窝与咖啡并席的时代，袁世凯的儿子们在西餐桌旁上演了争权夺嫡的传统戏码。袁世凯四子袁克端之子袁家宾曾回忆过这件事：

> 此时，我大伯左右幕僚，有急欲作进身之阶者，便以唐朝李世民宫门喋血的故事暗示他。不久，我大伯父在其住所团城设西餐午宴款待其二、三、四、五、六、七诸兄弟。我二伯父身侧亦不乏智友谋士，闻讯后也以曹丕、曹植兄弟"煮豆燃豆萁"之事相告。在午宴上，我大伯父劝酒时，二伯父借故滴酒未饮，用随身自带的银质刀匙试用，果然发现银匙变成黑色。我二伯父当即含怒离席，诸兄弟亦随之不欢而散。此事被我祖父知道后，密召我大伯父大加斥责。我祖母于氏却一再偏袒我大伯父，与我祖父争吵不休。[2]

兄弟为储君之位而相残的故事，中国历史上里曾反复上演，但发生西餐桌边上的，恐怕是第一个，也是最后一个。

在中西文化剧烈碰撞的 20 世纪初，中西餐也在更多人那里获得兼容和优化。比如梁启超、黎元洪和蔡元培等。梁启超不喜西餐，在 1915 年的一封家书里，他抱怨"御西餐旬余，苦不可状，

① Cyril Pearls, Morrison of Peking, Penguin books, 1970, p.288.
② 袁家宾：《我的大伯父袁克定》，见《周口文史资料选辑》，周口市政协学习和文史委员会编，2007 年第 1 辑，第 70 页。

登陆即欲往吃小馆子。"① 另据郑逸梅的记述，梁启超"早有遨游五洲之想。黎黄陂任总统时，拨款三万元给他作瑞士之游。这时朱家骅适寓瑞士，设宴接待，知启超不喜西餐，嗜好本国风味，无奈该处尚没有中国菜馆，便由其夫人亲煮鱼脍肉酱、黄齑白菜，虽寥寥数色，启超却朵颐大快"。② 味觉上不喜欢，但梁启超心理上却能十分理解包容西餐。有一次梁启超举行宴会，客人包括芝加哥的贾德森议长及夫人、时任美国驻华公使保罗·芮恩施等。据芮恩施回忆，梁氏有一位特别棒的厨师，善饪各类名肴美点。菜按照中国的方式摆放，用筷子吃东西，不过为了迎接外国宾客，还是做了一些调整。按照传统宴客习俗，当几道菜上桌后，主人会拣几块最可口的送到客人的碟子里，客人再如法炮制，也同样回敬。因此，在这样的来来回回的回敬中，宴会气氛格外和气。梁氏也遵守这些礼节，只是用公筷给大家夹菜。而席间的谈话与关系，也如同吃饭的方式一样，中西合璧，不过依然以中为主。当他们谈论中国的伦理学问题时，芮恩施问，"中国年轻的一代非常尊重老年人，固然是一种使社会团结的强有力因素，但这对于进步是有妨碍的，因为这将使年轻人和比较积极的人很难有机会去实施他们自己的主张。"梁回答道，"这种制度未必会妨碍社会改革，因为归根结蒂，它所控制的是社会而不是个人。青年人适当地尊敬年老人，还是有充分机会来实现他们的社会改革的理想的。"梁启超认为，尊重老人和祭祀祖先有特别意义，可以

① 梁启超：《梁启超家书校注本》，桂林：漓江出版社 2017 年，第 481 页。
② 郑逸梅：《世说人语》，北方文艺出版社 2016 年，第 428 页。

帮助中国社会得到西方人从灵魂不灭的信仰中推演出来的一切思想。芮恩施感叹，这次中国式布置的晚宴使人亲切，在席间讨论不同文化之间的深刻联系，让人难忘。①

1923年，黎元洪辞职后移居天津。据担任了黎元洪十多年英文秘书的孙启濂回忆，黎元洪的生活方式"趋向西方"，辛亥革命后，他不仅很少穿中式衣服，而且一日三顿常常都是西餐。正式宴请时，他按照西方的习惯，向客人发出印好的英文请帖，如果是宴请日本客人，则用中文帖。客人临门前，他还要亲自检视每位客人桌前的外文菜单。不过，他宴请外国客人时，菜式往往中西合璧，每次都有鸽蛋汤和鱼翅汤。他家里有一个中式厨房和一个西式厨房，他和女儿吃西餐，夫人和办事员吃中餐，如遇他伤风感冒，则临时改吃中餐。他认为，吃中餐时，筷子在盘子里反复夹菜，容易滋生细菌，西餐则比较卫生。②

面对西餐，近现代中国知识分子和政治精英对中国饮食的维护似乎一以贯之。孙中山与康有为政见不同，对中国饮食的自豪却很相像，孙中山在《建国方略》里说："我中国近代文明进化，事事皆落人后，惟饮食一道之进步，至今尚为文明各国所不及。中国所发明之食物，故大盛于欧美；而中国烹调法之精良，又非欧美所可以并驾。至于中国人饮食之习尚，则比欧美最高明之医学卫生家所发明最新之学理，亦不过如是而已。"③五四运动的

---

① （美）保罗·S·芮恩施：《一个美国外交官使华记》，前揭，第47-49页。

① （美）保罗·S·芮恩施：《一个美国外交官使华记》，前揭，第47-49页。

② 孙启濂：《黎元洪晚年居津生活琐忆》，见《天津文史资料选辑》，中国人民政治协商会议天津市委员会文史资料研究委员会编（第52辑），1990，第63-65页。

③ 孙中山：《建国方略》，武汉出版社2011年，第7页。

核心人物之一蔡元培对中国饮食也持赞美态度。在1936年所写的《三十五年来中国之新文化》一文中，明确指出中国饮食的缺点，同时注意到了在中国人中已有中西餐融合的良好趋向："在食物上有不注意的几点：一、有力者专务适口，无力者专务省钱。对于蛋白质、糖质、脂肪质的分配，与维太命的需要，均未加以考量。二、自舍筵席而用桌椅，去刀而用箸后，共食时匙、箸杂下，有传染病的危险。近年欧化输入，西餐之风大盛，悟到中国食品实胜西人，惟食法尚未尽善；于是有以西餐方式食中馔的；有仍中餐旧式而特置公共匙、箸，随意分取；既可防止传染，而各种成分，也容易分配。"[①]与康有为一样，蔡元培也认为"中国食品实胜西人"，需要改良的只是"食法"，并将以西餐食法改良中餐视为"新文化"的一部分。当然，被蔡元培和许多人推崇的分餐制，在中国历史上也非新鲜事物。据学者考证，从殷墟出土的大量陶鬲碎片来看，鬲的容积大约只够一人一餐，因此，当时人们进食极有可能是一人一鬲的分餐制。这一点似乎从甲骨文的造型中得到印证，比如甲骨文中的"即"写作 ，就像一个人在食器旁边就餐；而"既"在甲骨文中写作 ，就像一个人在食器边食毕后不再进食之形。[②]这个例子，也恰好证明中国文化主体性的强大，同时也很容易让国人产生西洋事物中华"古已有之"的幻觉。这是近代以来，甚至到今天都在延续的一种文化心态。

林语堂是康有为的晚辈，比起康有为，其西学与外文显然更

---

① 蔡元培：《蔡元培全集》（第六卷），高平叔编，中华书局1988年，第74页。
② 王学泰：《中国人的饮食世界》，上海远东出版社2012年，第12-13页。

好，但在中国饮食的评价上，他们居然十分契合。《中国人》是林语堂写给西方人的众多书籍之一，面对西方人，处于现代中国知识分子特有的文化自尊心，林语堂对中国文化多有溢美。他对于东西方餐饮的比较十分细致。他先是数落了西餐的各种粗糙和不是，然后开始把中餐之所以不能发扬光大归咎于我们没有优良的军舰攻克西方，这个意思似乎与康有为有呼应之处，但林语堂说得更直接：

> 尽管中国人有可能从西方人那里学到许多如何恰如其分地安排宴会的理论和方法，但中国人却在饮食方面也像在医药方面一样，有许多有名的极好的菜谱可以教给西方人。像普通菜肴(如白菜和鸡)的烹调，中国人有丰富的经验可以传到西方去，如果西方人准备谦恭地学习的话。然而，在中国建造了几艘精良的军舰，有能力猛击西方人的下巴之前，恐怕还做不到。但只有那时，西方人才会承认我们中国人是毋庸置疑的烹饪大家，比他们要强许多。不过，在那个时候到来之前就谈论这件事，却是白费口舌。在上海的租界里有千百万英国人，从未踏进中国的餐馆，而中国人又拙于招徕顾客。我们从来不强行拯救那些不开口请求我们帮助的人。况且我们又没有军舰，即使有了军舰，也不屑于驶入泰晤士河或密西西比河，用枪将英国人或美国人射死，违背他们的意志，将他们送进天堂。[1]

---

[1]　林语堂：《中国人》，易坤译，广西民族出版社 2001 年，第 330 页。

林语堂关于饮食的论述很多，专引上面这段文字，是因为它颇能综合近代以来中国知识分子对西餐的立场。林语堂认为，西方人有"恰如其分地安排宴会的理论和方法"值得中国人学习，而中国人则有许多"极好的菜谱"可以教给西方人。这与前述康有为在 20 世纪初赞美中国饮食"冠绝大地"的评价几乎一致，也与梁启超、蔡元培推崇分餐或公筷相似。林语堂批评西方人以舰船利炮侵略中国，却忽略中国饮食之美，他期待有朝一日中国国力强大，拥有"精良的军舰"，进而把中餐传播到西方。这与康有为畅想的中国以输出精良饮食获得西方科技的回报，双方都很划算，有潜在相似性。近代中国落后挨打，在西洋人眼中渐渐沦于负面形象，社会精英和知识分子们在自我批评反省的同时，也不断寻找中国文化的合理性。在此语境下，中国饮食成为国人自我认同的依据之一，当然可以理解。中西餐的微妙相处方式，甚至本书里展示的西餐在中国人中传播接受之细节种种，可以视为近代中西相遇、抵触、融合的生动缩影。

附录　主要参考文献

（一）汉语文献

[1]　《史记》

[2]　《汉书》

[3]　《后汉书》

[4]　《博物志》

[5]　《乐府诗集》

[6]　《艺文类聚》

[7]　《旧唐书》

[8]　《全三国文》

[9]　阿英编：《晚清文学丛钞·小说戏曲研究卷》，中华书局，1960 年

[10]　边芹：《文明的变迁：巴黎 1896·寻找李鸿章》，东方出版社，2017 年

[11]　卞君君：《上海滩 1843》，浙江大学出版社，2013 年

[12]　卞瑞明主编：《天津老字号》，中国商业出版社，2007 年

[13]　《北洋画报》（影印版），书目文献出版社，1985 年

[14]　陈平原、夏晓虹编注：《图像晚清》，百花文艺出版社，2006 年

[15] 陈诏：《饮食趣谈》，上海古籍出版社，2003 年

[16] 陈诏：《中国馔食文化》，上海古籍出版社，2001 年

[17] 陈诏：《解读〈清明上河图〉》，上海古籍出版社，2010 年

[18] 陈德新：《中国咖啡史》，科学出版社，2017 年

[19] 蔡镇楚：《中国品茶诗话》，湖南师范大学出版社，2004 年

[20] 蔡元培：《蔡元培全集》（第六卷），高平叔编，中华书局，1988 年

[21] 《造洋饭书》，邓立、李秀松注释，中国商业出版社，1986 年

[22] 德龄公主：《紫禁城的黄昏：德龄公主回忆录》，秦传安译，中央编译出版社，2004 年

[23] 爱新觉罗·溥仪：《我的前半生》，群众出版社，2007 年

[24] 高晞：《德贞传：一个英国传教士与晚清医学近代化》，复旦大学出版社，2009 年

[25] 顾江萍：《汉语中的日语借词研究》，上海辞书出版社，2011 年

[26] 葛元煦：《沪游杂记》，郑祖安标点，上海书店出版社，2009 年

[27] 葛桂录：《雾外的远音：英国作家与中国文化》，宁夏人民出版社，2002 年

[28] 关涵等：《岭南随笔（外五种）》，黄国声点校，广东人民出版社，2015 年

[29] 顾炳权编著：《上海洋场竹枝词》，上海书店出版社，1996 年

[30] 郭嵩焘：《郭嵩焘日记》（第一卷），湖南人民出版社，1981 年

[31] 洪迈：《容斋随笔》，上海古籍出版社，2015 年

[32] 黄时鉴：《维多利亚时代的中国图像》，上海辞书出版社，2008 年

[33] 黄遵宪：《黄遵宪集》，天津人民出版社，2003 年

[34] 黄遵宪：《人境庐诗草笺注》，钱仲联笺注，古典文学出版社，1957 年

[35] 黄尊三：《黄尊三日记》，凤凰出版社，2019 年

[36] 何玉新：《天津往事: 藏在旧时光里的秘密地图》，北方文艺出版社，2015 年

[37] 忽思慧：《饮膳正要》，李春方译注，中国商业出版社，1988 年

[38] 贾铭：《饮食须知》，陶文台注释，中国商业出版社，1985 年

[39] 蒋建国：《广州消费文化与社会变迁（1800-1911）》，广东人民出版社，2006 年

[40] 蒋建国：《报界旧闻: 旧广州的报纸与新闻》，南方日报出版社，2007 年

[41] 康有为：《西班牙等国游记》，岳麓书社，2016 年

[42] 康有为：《德意志等国游记》，岳麓书社，2016 年

[43] 康有为：《大同书》，上海古籍出版社，2014 年

[44] 康有为：《大同书》，姜义华、张荣华编校，中国人民大学出版社，2010 年

[45] 邝其照：《字典集成》，内田庆市、沈国威编，商务印书馆，2016 年

[46] 昆明市宗教事务局、昆明市天主教爱国会：《昆明天主教史》，云南大学出版社，2006 年

[47] 兰陵笑笑生：《金瓶梅词话》，梅节校订，陈诏、黄霖注释，香港梦梅馆，1993 年

[48] 李家瑞：《北平风俗类征》（上），李诚、董洁整理，北京出版社，2010 年

[49] 李濬之、盛宣怀：《东隅琐记: 愚斋东游日记》，岳麓书社，2016 年

[50] 李伯元：《官场现形记》，山东文艺出版社，2016 年

[51] 李伯元：《文明小史·活地狱》，郭洪波校点，岳麓书社，1998 年

[52] 李伯元：《文明小史》，百花洲文艺出版社，2010 年

[53] 李化楠：《醒园录》，中国商业出版社，1984 年

[54] 黎庶昌：《西洋杂志》，王继红校注，社会科学文献出版社，
2007 年

[55] 李圭：《环游地球新录》，商务印书馆、中国旅游出版社，2016 年

[56] 杨米人等著，路工编选：《清代北京竹枝词（十三种）》，北京古
籍出版社，1982 年

[57] 陆士谔：《新中国》，上海古籍出版社，2010 年

[58] 李庆新：《广州是海上丝绸之路重要发祥地》，《南方日报》，
2014 年 1 月 1 日

[59] 北京鲁迅博物馆编：《鲁迅译文全集》，福建教育出版社，2008 年

[60] 吕澍、王维江：《上海的德国文化地图》，上海锦绣文章出版社，
2011 年

[61] 梁启超：《李鸿章传》，百花文艺出版社，2008 年

[62] 梁启超：《梁启超全集》，北京出版社，1999 年

[63] 梁启超：《梁启超家书校注本》，漓江出版社，2017 年

[64] 梁嘉彬：《广东十三行考》，广东人民出版社，1999 年

[65] 梁廷枏：《海国四说》，中华书局，1993 年

[66] 刘禾：《跨语际实践》，宋伟杰译，生活·读书·新知三联书店，
2008 年

[67] 刘锡鸿：《英轺私记》，湖南人民出版社，1981 年

[68] 刘蜀永：《香港历史杂谈》，河北人民出版社，1987 年

[69] 柳和城：《书里书外：张元济与现代中国出版》，上海交通大学出
版社，2017 年

[70] 林言椒、何承伟编著：《中外文明同时空：晚清民初 VS 工业革命》，
上海锦绣文章出版社，2009 年

[71] 林语堂：《中国人》，易坤译，广西民族出版社，2001 年

[72] 林纾等译：《林纾译著经典 4：块肉余生述》，上海辞书出版社，2013 年

[73] 林则徐全集编辑委员会编：《林则徐全集》，海峡文艺出版社，2002 年

[74] 林希：《老天津：津门旧事》，重庆大学出版社，2014 年

[75] 连玲玲：《打造消费天堂：百货公司与近代上海城市文化》，社会科学文献出版社，2018 年

[76] 龙顾山人：《十朝诗乘》，卞孝萱、姚松点校，福建人民出版社，2000 年

[77] 陆树声：《清暑笔谈》，中华书局，1985 年

[78] 钱谷融主编：《林琴南书话》，吴俊标校，浙江人民出版社，1999 年

[79] 马忠文、任青编：《中国近代思想家文库·薛福成卷》，中国人民大学出版社，2014 年

[80] 马长林：《上海的租界》，天津教育出版社，2009 年

[81] 马长林主编：《租界里的上海》，上海社会科学院出版社，2003 年

[82] 潘超、丘良任、孙忠铨等编：《中华竹枝词全编》，北京出版社，2007 年

[83] 钱钟书：《围城》，人民文学出版社，1991 年

[84] 孙机：《仰观集》，文物出版社，2015 年

[85] 孙宝暄：《忘山庐日记》，上海古籍出版社，1983 年

[86] 孙家振，《海上繁华梦》，百花洲文艺出版社，2011 年

[87] 孙中山：《建国方略》，武汉出版社，2011 年

[88] 沈弘编译：《遗失在西方的中国史：〈伦敦新闻画报〉记录的晚清 1842–1873》，北京时代华文书局有限公司，2014 年

[89] 沈迦：《寻找·苏慧廉》，新星出版社，2013 年

[90] 史有为：《汉语外来词》，商务印书馆，2013 年

[91] 苏轼：《苏轼文集》（第一册），孔凡礼注解，中华书局，1986 年

[92] 施蛰存：《中国近代文学大系·翻译文学集 1》，上海书店，
      1990 年

[93] 故宫博物院主编：《故宫博物院十年论文选（1995-2004）》，紫
      禁城出版社，2005 年

[94] 尚克强：《九国租界与近代天津》，天津教育出版社，2008 年

[95] 干春松、孟彦弘编：《王国维学术经典集》，江西人民出版社，
      1997 年

[96] 王学泰：《中国人的饮食世界》，上海远东出版社，2012 年

[97] 王汗吾、吴明堂：《汉口五国租界》，武汉出版社，2017 年

[98] 王韬：《王韬诗集》，上海古籍出版社，2016 年

[99] 王韬：《漫游随录·扶桑游记》，湖南人民出版社，1982 年

[100] 汪耀华：《1843 年开始的上海出版故事》，上海人民出版社，
      2014 年

[101] 伍宇星编译：《19 世纪俄国人笔下的广州》，大象出版社，
      2011 年

[102] 我佛山人：《我佛山人短篇小说集》，卢叔度辑校，花城出版社，
      1984 年

[103] 吴趼人：《新石头记》，王立言校注，中州古籍出版社，1986 年

[104] 吴趼人：《二十年目睹之怪现状》，中国画报出版社，2014 年

[105] 翁同龢：《翁同龢日记》（第五册），翁万戈编，翁以钧校订，
      中西书局，2012 年

[106] 吴汝纶：《吴汝纶全集（三）》，施培毅、徐寿凯校点，黄山书社，
      2002 年

[107] 夏晓虹：《晚清的西餐食谱及其文化意涵》，《学术研究》2008年第1期，第138-146页

[108] 熊月之编：《中国近代思想家文库·郭嵩焘卷》，中国人民大学出版社，2014年

[109] 熊月之：《论郭嵩与刘锡鸿的纷争》，《华东师范大学报》1983年，第6期

[110] 熊月之：《西学东渐与晚清社会》，中国人民大学出版社，2011年

[111] 熊月之：《异质文化交织下的上海都市生活》，上海辞书出版社，2008年

[112] 熊月之主编：《西制东渐：近代制度的嬗变》，长春出版社，2005年

[113] 徐珂编撰：《清稗类钞》，商务印书馆，1918年

[114] 徐志摩：《巴黎的鳞爪》，东方出版社，2007年

[115] 徐光启：《农政全书》，岳麓书社，2002年

[116] 徐继畲：《瀛寰志略校注》，宋大川校注，文物出版社，2007年

[117] 许明龙：《欧洲18世纪"中国热"》，山西教育出版社，1999年

[118] 许金城、许肇基辑：《民国野史》，云南人民出版社，2003年

[119] 项慧芳：《上海英租界寻旧》，人民文学出版社，2018年

[120] 薛绥之、张俊才编：《林纾研究资料》，福建人民出版社，1983年

[121] 薛福成：《薛福成日记》，蔡少卿整理，吉林文史出版社，2004年

[122] 薛福成：《出使英法义比四国日记》，岳麓书社，1985年

[123] 薛福成：《出使四国日记》，湖南人民出版社，1981年

[124] 谢肇淛：《五杂俎》，上海书店出版社，2001年

[125] 严昌洪：《西俗东渐记——中国近代社会风俗的演变》，湖南出版社，1991年

[126] 王英志主编：《袁枚全集新编》，浙江古籍出版社，2015年

[127]　余冠英选注：《汉魏六朝诗选》，中华书局，2012 年

[128]　曾纪泽：《曾纪泽集》，喻岳衡点校，岳麓书社，2005 年

[129]　曾纪泽：《使西日记》（外一种），湖南人民出版社，1981 年

[130]　张静庐辑注：《中国出版史料补编》，中华书局，1957 年

[131]　张绪谔：《乱世风华：20 世纪 40 年代上海生活与娱乐的回忆》，
　　　　上海人民出版社，2009 年

[132]　张祖翼：《清代野记》，中华书局，2007 年

[133]　张之洞：《劝学篇》，上海书店出版社，2002 年

[134]　斌春、张德彝著：《乘槎笔记　航海述奇》，商务印书馆、中国
　　　　旅游出版社，2016 年

[135]　张德彝：《航海述奇》，钟叔河校点，湖南人民出版社，1981 年

[136]　张星烺：《欧化东渐史》，商务印书馆，2015 年

[137]　张岱：《陶庵梦忆》，江苏凤凰文艺出版社，2019 年

[138]　郑观应：《郑观应集》，夏东元编，上海人民出版社，1988 年

[139]　郑观应：《郑观应集》，夏东元编，上海人民出版社，1982 年

[140]　郑逸梅：《世说人语》，北方文艺出版社，2016 年

[141]　郑曦原：《帝国的回忆：<纽约时报>晚清观察记》，当代中国
　　　　出版社，2018 年

[142]　中国人民政治协商会议天津市委员会文史资料研究委员会编：《天
　　　　津文史资料选辑》（第 52 辑），天津人民出版社，1990 年

[143]　中国人民政治协商会议榆次市委员会文史资料委员会编，《榆次文
　　　　史资料》（第 12 期），1990 年

[144]　周口市政协学习和文史委员会编，《周口文史资料选辑》，2007
　　　　年第 1 辑

[145]　《中国近代文学大系》，上海书店出版社，1990-1992 年

[146]　《大公报》，1906 年 9 月 9 日

[147]《唯一趣报有所谓》，1905 年 6 月 4 日

[148]《游艺报》，光绪三十一年（1905 年）七月八日

[149]《广东白话报》，1907 年第 2 期

[150]《广东白话报》，1907 年第 7 期

[151]（德）恩格斯：《马克思恩格斯选集》，人民出版社，1972 年

[152]（德）齐奥尔格·西美尔：《时尚的哲学》，费勇等译，文化艺术出版社，2001 年

[153]（俄）伊·冈察洛夫：《巴拉达号三桅战舰》，叶予译，黑龙江人民出版社，1982 年

[154]（古希腊）亚里士多德：《亚里士多德全集·第九卷》，苗力田主编，颜一、秦典华译，中国人民大学出版社，1994 年

[155]（法）费尔南·布罗代尔：《15 到 18 世纪的物质文明、经济和资本主义》，顾良、施康强译，商务印书馆，2017 年

[156]（法）佩雷菲特：《停滞的帝国：两个世界的撞击》，王国卿、毛凤支、谷炘等译，生活·读书·新知三联书店，2007 年

[157]（法）伊凡：《广州城内》，张小贵、杨向艳译，广东人民出版社，2008 年

[158]（法）F·卡斯塔诺：《中国之行》，张昕译，中西书局，2013 年

[159]（法）亨利·奥尔良：《云南游记——从东京湾到印度》，龙云译，云南人民出版社，2016 年

[160]（法）白吉尔：《上海史：走向现代之路》，王菊、赵念国译，上海社会科学院出版社，2014 年

[161]（法）让·安泰尔姆·布里亚 – 萨瓦兰：《厨房里的哲学家》，敦一夫、付丽娜译，译林出版社，2013 年

[162]（法）克洛德·列维 – 斯特劳斯：《人类学讲演集》，张毅声、张祖建、杨珊译，中国人民大学出版社，2007 年

[163] （美）尤金·N·安德森：《中国食物》，马孆、刘东译，江苏人民出版社，2003 年

[164] （美）薛爱华：《撒马尔罕的金桃》，吴玉贵译，社会科学文献出版社，2016 年

[165] （美）埃里克·杰·多林：《美国和中国最初的相遇：航海时代奇异的中美关系史》，朱颖译，社会科学文献出版社，2014 年

[166] （美）保罗·S·芮恩施：《一个美国外交官使华记》，李抱宏、盛震溯译，文化艺术出版社，2010 年

[167] （美）亚瑟·亨·史密斯：《中国人的气质》，张梦阳、王丽娟译，敦煌文艺出版社，1995 年

[168] （美）何天爵：《本色中国人》，冯岩译，译林出版社，2016 年

[169] （美）威廉·亨特：《天朝拾遗录：西方人的晚清社会观察》，景欣悦译，电子工业出版社，2015 年

[170] （美）亨特：《旧中国杂记》，沈正邦译，广东人民出版社，1992 年

[171] （美）罗友枝：《清代宫廷社会史》，周卫平译，中国人民大学出版社，2009 年

[172] （美）林乐知、蔡尔康编译：《李鸿章历聘欧美记》，湖南人民出版社，1982 年

[173] （美）田晓菲：《神游：早期中古时代与 19 世纪中国的行旅写作》，生活·读书·新知三联书店，2015 年

[174] （美）范发迪：《知识帝国：清代在华的英国博物学家》，袁剑译，中国人民大学出版社，2018 年

[175] （美）雅克·当斯：《黄金圈住地——广州的美国商人群体与美国对华政策的形成，1784–1844》，周湘、江滢河译，广东人民出版社，2015 年

[176] （美）保罗·弗里德曼主编，《食物：味道的历史》，董舒琪译，浙江大学出版社，2015 年

[177] （美）肯尼思·本迪纳：《绘画中的食物》，谭清译，新星出版社，2007 年

[178] （美）萧公权：《近代中国与新世界：康有为变法与大同思想研究》，汪荣祖译，江苏人民出版社，2007 年

[179] （美）伊莎贝尔·齐默尔曼·梅纳德：《中国之梦：一个犹太女孩在天津的成长（1929–1948）》，张喆译，天津人民出版社，2017 年

[180] （美）阿瑟·史密斯，《中国人的德行》，朱建国译，译林出版社，2016 年

[181] （美）I.T. 赫德兰：《一个美国人眼中的晚清宫廷》，吴自选、李欣译，百花文艺出版社，2002 年

[182] （美）E.A. 罗斯：《变化中的中国人》，何蕊译，译林出版社，2015 年

[183] （美）艾尔弗雷德·W·克罗斯比：《哥伦布大交换：1492 年以后的生物影响和文化冲击（30 周年版）》，郑明萱译，中国环境科学出版社，2010 年

[184] （日）石田干之助，《长安之春》，钱婉约译，清华大学出版社，2015 年

[185] （日）宫崎正胜：《餐桌上的世界史》，陈柏瑶译，中信出版社，2018 年

[186] （日）浅田实：《东印度公司：巨额商业资本之兴衰》，顾姗姗译，社会科学文献出版社，2016 年

[187] （英）J.A.G. 罗伯茨：《东食西渐：西方人眼中的中国饮食文化》，杨东平译，当代中国出版社，2008 年

[188]　（英）乔治·奥尔古德：《1860 年的中国战争：信札与日记》，沈弘译，中西书局，2013 年

[189]　（英）斯当东：《英使谒见乾隆纪实》，叶笃义译，上海书店出版社，2005 年

[190]　（英）乔治·马戛尔尼、约翰·巴罗：《马戛尔尼使团使华观感》，何高济、何毓宁译，商务印书馆、中国旅游出版社，2017 年

[191]　（英）克拉克·阿裨尔：《中国旅行记（1816–1817 年）——阿美士德使团医官笔下的清代中国》，刘海岩译，商务印书馆、中国旅游出版社，2017 年

[192]　（英）李提摩太：《亲历晚清四十五年——李提摩太在华回忆录》，李宪堂、侯林莉译，天津人民出版社，2011 年

[193]　（英）吴芳思：《口岸往事》，柯卉译，新星出版社，2018 年

[194]　（英）密特福：《使馆官员在北京：书信集》，叶红卫译，中西书局，2013 年

[195]　（英）威廉·萨默塞特·毛姆：《映象中国》，詹红丹译，万卷出版公司，2017 年

[196]　（英）孔佩特：《广州十三行：中国外销画中的外商（1700–1900）》，于毅颖译，商务印书馆，2014 年

[197]　（英）狄更斯：《大卫·科波菲尔》，董秋斯译，中国人民大学出版社，2004 年

[198]　（英）狄更斯：《大卫·科波菲尔》，张谷若译，上海译文出版社，2007 年

[199]　（英）狄更斯：《大卫·科波菲尔》，宋兆霖译，译林出版社，2004 年

[200]　（英）布莱恩·鲍尔：《租界生活（1918–1936）——一个英国人在天津的童年》，刘国强译，天津人民出版社，2007 年

[201]　（英）杰克·古迪：《烹饪、菜肴与阶级》，王荣欣、沈南山译，
　　　　浙江大学出版社，2010 年

[202]　（英）丹尼尔·笛福：《鲁滨孙历险记》，黄杲炘译，上海译文
　　　　出版社，1998 年

（三）外文文献

[203]　Alfred W.Crosby, The Columbian Exchange: Biological and Cultural
　　　　Consequences of 1492, Westport ：Praeger, 2003

[204]　Archibald Edward Glover, A Thousand Miles of Miracle in China: a
　　　　personal record of God's delivering power from the hands of the impe-
　　　　rial boxers of Shan-xi. London: Hodder & Stoughton, 1904

[205]　Arthur Waley, Yuan Mei: Eighteen Century Chinese Poet, Stanford,
　　　　A: Standford University Press,1970

[206]　A.C. Andrews, Oysters as Food in Greece and Rome in The Classical
　　　　Journal, 43:5 (1948)

[207]　Charles Toogood Downings, The Fan-qui, or Foreigners in China,
　　　　London: Henry Colburn Publisher, 1840

[208]　Charles Dickens, A Schoolboy's Story, in Complete Short Stories,
　　　　New Delhi: BPI Indian PVT LTD, 2013

[209]　Franklin Perkins, Leibniz and China: A Commerce of Light, Cam-
　　　　bridge University Press, 2004

[210]　Frederick Wells Williams, The Life and Letters of Samuel Wells Wil-
　　　　liams, New York and London: G.P. Putnam's Sons,1889

[211]　George Anson, A voyage round the world: in the years MDCCXL,

I, II, III, IV, complied by Richard Walter, London: John Paul Knapton,1748

[212] John Livingston Nevius, Helen Sanford Coan Nevius, The Life of John Livingston Nevius: For Forty Years a Missionary in China, New York: Fleming H.Revell Company, 1895

[213] John Henry Gray, China: a history of the laws, manners and customs of the people, volume II, edited by William Gow Gregor, London: Macmillan and Co., 1878

[214] James Henderson, Shanghai Hygiene or Hints for the Preservation of Health in China, Shanghai: Presbyterian Mission Press, 1863

[215] Jane Austen. Emma. In Selected Works of Jane Austen《简·奥斯汀经典作品集》, 世界图书出版社, 2009 年

[216] K.C.Chang, Food in Chinese Culture: Anthropological and Historical, New Haven and London: Yale University Press,1977

[217] N.B.Dennys (ed.)The Treaty Ports of China and Japan:a complete guide to the open ports of those countries, together with Peking,Yedo, Hongkong and Macao. Forming a guide book &vade mecum for travellers, merchants, and residents in general, London:Trubner and co. 1867

[218] Peter Quennell(ed.), The Prodigal Rake:Memoirs of William Hickey, New York: E.P.Dutton&Co., 1962

[219] Paul Freedman, The Peasant Diet: Image and Reality, https://www.uv.es/consum/freedman.pdf

[220] Robert Morrison, Memoirs of the life and labours Robert Morrison,London: Longman, Orme, Brown, Green and Longmans, 1839,

[221] The American Neptune,1997,volume57, p.211

[222] Dr. and Mrs. Howard Taylor, Taylor Hudson in Early Years: The Growth of Soul, New York:Hodder&Stoughton; George H. Doran Co, 1911

[223] Jacobson,R., On Linguistic Aspects of Translation, 申雨平选编，西方翻译理论精选，外语教学与研究出版社，2002

[224] Charles Dickens, David Copperfield, 中国对外翻译出版社，2012 年

[225] Terence Scully, The Art of Cookery in the Middle Ages, Suffolk, The Boydell Press, 1995

[226] Master Chiquart, Du fait de Cuisine, in "Du fait de cuisine / On Cookery" of Master Chiquart (1420), edited by Terrance Scully, Tempe: Acmrs, 2010

[227] Dena Kleiman, De Gustibus; Older Than Forks, Safer Than Knives, in New York Times, Jan.17, 1990

[228] Cyril Pearls, Morrison of Peking, Penguin books, 1970

[229] Laura B. Weiss, Ice Cream: A Global History. London: Reaktion books, 2011

[230] Funderburg, C. Anne, Chocolate, Strawberry, and Vanilla: A History of American Ice Cream, Bowling Green: Bowling State Green University Popular Press, 1995

[231] James Dyer Ball, The English-Chinese cookery book: containing 200 receipts in English and Chinese,Hong Kong: Kelly& Walsh, 1890

[232] Jacques M. Downs, Fair Game: Exploitive Role-Myths and the American Opium Trade, in Pacific Historic Review, (1972) 41 (2): 133–149

后　记

　　本书的写作，起源于我 2013 年给大学本科生开的一门公选课"西方饮食文化入门"。当老师最大的乐趣之一，就是通过备课、与学生的交流互动，让兴趣获得拓展和升华，让自己得到提升。孔子说，教学相长，诚哉斯言！记得当时在准备这门课时，我分别从书店、图书馆里捧回几十本书，从烹饪学校的教材到食评家的花边新闻，从社会文化史专著到人类学论著，一本本地翻看，好像老鼠掉进米缸里。当时的阅读快感，至今仍记忆犹新。

　　在桐乡校区上课时，班上有一位时髦漂亮的高个儿姑娘，每次都坐第一排，她对西餐烹饪非常感兴趣，也喜欢各种"尝鲜"。每周四下午课间十分钟，成了我俩"画饼充饥"的"论道"时间：我们认真地讨论看似简单的番茄肉酱面，怎样才能充分释放番茄的鲜与肉末的香；我们时常交换美食信息，比如搜寻学校周围，哪里可以吃到味美价廉的披萨。有一次课上，我讲到了修道院啤酒（trappist beer），从欧洲历史上修道院与奢侈品、美食的关系，到修道院啤酒的常见品牌与特点，说着说着，我从包里掏出几瓶智美（Chimay），一种比利时的修道院啤酒。同学们发现，老师居然准备了如此特殊的教具，自然欢呼起来。我拿出事先准备好的纸杯，每人发一只，大家边喝边上课。教学楼旁的紫荆花开得正艳，几口小酒虽不至微醺，但也似"见杨柳飞绵滚滚，对桃花醉脸醺醺"。

2017 年，有机会以"近代西食东渐过程中的翻译问题研究"为题，获得浙江省哲学社科项目的资助，这成为本书写作的直接动力。从此以后，我开始深入阅读晚清以来的种种相关文献。从传教士的回忆录，到中国近代外交官的游记诗文，以及相关文学作品。三年来，在浩如烟海的近代文献和相关研究论著中，品尝了披沙拣金的辛苦与喜悦。现在，这本非常不成熟的小书，暂告结束，像是厨房里的新学徒端上桌的一碟小菜，而我对书中涉及的各种话题的认识，才刚刚开始。

感谢我阅读过、引用过的无数作者，面对许多好的作品，令我有了见贤思齐的动力。感谢我教过的可爱的同学们，他们给了我无数灵感。感谢我的领导和同事，在本书写作过程中，他们给了我很多帮助和鼓励。感谢我的爸爸和先生，在写作过程中与他们的各种讨论，让我获益良多。感谢责任编辑陈芬女士的谬赏，她为本书的出版付出了令人尊敬的劳动。

在本书最后修改阶段，正值新冠肺炎肆虐全球。在不断变异的疾病和大自然面前，人类是如此渺小。饮食是人类生活的必需，更是人类生活中美妙的部分之一。在灾难面前，它变得很虚无，同时也更加珍贵。书稿杀青之际，陪八岁的女儿玩儿"写书"，她对我说："妈妈，和你一起写一本书后，我打算自己也写一本。我想早点开始学写书，因为我以后可能会和自己的女儿或者儿子一起写。"人类生生不息，传承的动力，让我们依然期待美好的未来。

2020 年 5 月于尖峰山脚下

图书在版编目（CIP）数据

新滋味：西食东渐与翻译／王诗客著. －－ 北京：经济
日报出版社，2020.9（2021.10重印）
ISBN 978 - 7 - 5196 - 0718 - 0

Ⅰ．①新… Ⅱ．①王… Ⅲ．①西餐 - 菜谱 - 翻译
Ⅳ．①TS972.188②H059

中国版本图书馆 CIP 数据核字（2020）第 181305 号

新滋味：西食东渐与翻译

作　　者	王诗客
责任编辑	陈　芬
责任校对	姚歆烨
封面设计	门乃婷工作室
出版发行	经济日报出版社
地　　址	北京市西城区白纸坊东街 2 号 A 座综合楼 710（邮政编码：100054）
电　　话	010 - 63567684（总编室）
	010 - 63584556（财经编辑部）
	010 - 63567687（企业与企业家史编辑部）
	010 - 63567683（经济与管理学术编辑部）
	010 - 63538621　63567692（发行部）
网　　址	www.edpbook.com.cn
E - mail	edpbook@126.com
经　　销	全国新华书店
印　　刷	北京荣泰印刷有限公司
开　　本	787 mm×1092 mm　1/32
印　　张	8
字　　数	151 千字
版　　次	2020 年 9 月第一版
印　　次	2021 年 10 月第二次印刷
书　　号	ISBN 978 - 7 - 5196 - 0718 - 0
定　　价	46.00 元